JN078579

カジュアルな算数・数学の話

鶴崎修功

はじめに

みなさん、こんにちは。鶴崎修功と申します。私は東京大学のクイズ研究会に所属していて、2016年10月にTBS系列のクイズ特番「東大王2016」に出場しました。なんとそこで優勝することができて、番組がレギュラー放送になった2017年4月から長い間出演しています。なので、「クイズが得意な人」として知ってくださっている方が多いと思います。

一方で2021年現在、東京大学大学院数理科学研究科に籍があり、小1から数えると、**「20年近くも算数・数学を学び続けている人」でもあります。**

そんな私に出版の機会が巡ってきて、「何を書こうか」と考えてみると、「クイズのこと？　勉強法のこと？　いや、自分が伝えたいのは数学のことだ！」と、すぐに思いました。

最初に白状しておくと、私は幼稚園のときから数字が好きでした。おそらく恐竜が好き、お絵かきが好きな子と同じレベルで、2とか8とかが、形として好きだったんです。しかもそれらを足すと10になることも不思議で、とても興味をもちました。

そんな子どもだったので、算数が好きで得意だったし、夢は「数学の研究者になること」でした。

「数学に、センスや発想力は必要ですか？」

これはよく受ける質問の1つです。なんでも「向き・不向き」があるのは否定しませんが、回答としては「必要です。でもそれらは天才的なひらめきのことではないので、練習量で十分に伸ばせます」ということになります。

何が言いたいかというと、私が数学を得意だとしても、「地頭がいい」とか、「もともと好きだったから」とか、そういう理由だけで片づけてほしくないんです。私は小・中学生のときからまわりの10倍以上は算数・数学を勉強し、楽しんできた自信があります。**センスや発想力は生まれつき備わったものではなく、あくまで磨くもの**。だから、数学大好きな変人だからこその話と思わずに、読んでいただけるとありがたいです（笑）。

私が数学の勉強を続けられた理由を考えてみると、やっぱり好きだったし、楽しい、おもしろい、ときには美しいとさえ感じられたからです。したがって、**この本の大きな目標はいたってシンプルに、「算数・数学を好きになってもらうこと」**にしました。

「じゃあ、本を読んでも得意にはならないんですか？」という声もあるでしょうが、もちろん両立します。好きな人は高い確率で得意になれます。

ところが、「そんなに好きではないけれど、得意な人」も意外といるんですよね。でも、好きじゃないとイヤになったとき、すぐに苦手になってしまう。だから、「好きになってもらうこと」。

この本ではおもに中学までに学ぶ範囲を扱いますが、それには理由があります。

いま読んでいるのが**小・中学生のみなさんであれば、算数・数学を楽しんでないと、苦手なものは苦手なままだし、得意であってもかんたんにできなくなるし、するとやっぱり嫌いになってしまう**からです。

社会人でしたら、学問としての数学を学ぶことはもうないと思いますが、**中学までの数学を知っておけば日常生活で数字や計算について困ることはほぼありません**。そして保護者の方でしたら、お子さんの大切な時期の勉強の手助けもできます。たとえば**「この公式なんで？」と訊かれて説明できれば、きっと一目置かれます（笑）**。

まずは気軽に読んでみてください。読み終わったときに、「あんがい数学っておもしろいもんだな」と思っていただければ、嬉しい限りです。

もくじ

※各項目に記載されている学年はあくまで目安であり、必ずその学年で学ぶことを表しているわけではありません。

177 第5章　確率の道

203 第6章 整数の道

「なんで勉強するんだろう」本当の意味を知って、気楽に学ぶ

楽しみながら、理解を深める4つの“気持ち”

「武器」の広がりを感じながら中学数学までをイッキ読み

「なんで勉強するんだろう」本当の意味を知って、気楽に学ぶ

「100点」だけがすべてじゃない！

小・中学生だけでなく、大人のみなさんも、いま算数・数学に対してどんな状況か、いろいろあると思います。

・計算問題ができない
・授業にだんだんついていけなくなっている
・文章問題、応用問題ができない
・得意だけど、おもしろくない
・日常生活には困らないが、子どもに質問されてもうまく説明できない

たとえば、こんな感じでしょうかね。バラバラなので、全員の状況、レベルに応じた話をするのは難しいし、だからといって学校で学ぶこと全部を100%理解してもらう話をするのはかなりのページ数が必要になります。

だから、最初にあえて言っておきたいと思います。

「この本は、テストで 100 点を取ることをがんばりすぎない」

どういうことかというと、近ごろスポーツ界でもこんな議論があります。

「小さいうちは勝ちにこだわりすぎない。競技を楽しめるようにならないと、興味を失ってしまうし、止めてしまう」

私は算数・数学にも当てはまると思うんです。「小さいうち」というのは、小学生はもちろんですが、数学に関しては中学生も含むと考えているので、おもにそんな時期のみなさんに向けて、勝ち、つまり 100 点を取ることだけではなくて、**根本的には楽しんでもらいたい**と思っています。

この本の大きな目標は「好きになってもらう」こととしましたが、それ以前

に楽しむ気持ちをもって、失わないでほしいと思っています。

「なんで勉強するんだろう」の壁

「100点をがんばりすぎない」にはべつの意図もあって、それはたとえあなたがどんな状況でも**「なんで算数・数学を勉強するんだろう?」という疑問を一度は考えるからです**。共通の悩みというか、壁なんです。そう考えるのは、苦手になってきたり、興味を失ったりして、楽しめなくなっている場合に多いように感じています。

この場合をもう少し具体的に見てみましょう。

当たり前ですが、学校のテストや入試問題には「正解」があります。そして、そのためだけに勉強をし、いかに正しく問題を解けるかが「学ぶ意味」になってしまっていると、「何この問題?　パズル?　意味あるの?」と思うこともあるでしょうし、だんだん「なんのためにやっているかわからなくなる」し、しまいには「楽しくない、好きじゃない」となるわけです。

この疑問は、たとえ今、「得意だ」と感じている人でも陥(おちい)りがちです。というか、「けっこういる」というデータがあります。平成27年に文部科学省から発表されている「理工系人材育成戦略」という資料によると、日本の中学生の数学力はOECD(経済協力開発機構。南北アメリカから欧州、アジア・太平洋地域の国々からなる)の加盟国38か国(2021年現在)のなかで2位と高いので、世界的に見て得意なほうなんです。

ところが「数学に対する学習意欲」の調査では、平均以下。つまり、**べつに好きじゃないけど、できる**んですね。すると日本ではどういうことが起きているかというと、高校で自分の進路を決めるときに、けっこうたくさんの人が数学を捨ててしまいます。これってようするに、**数学は得意でも「正解」だけが目的なら、学ぶ意味があっさりなくなる**ということです。

算数・数学を学ぶ本当の意味とは？

だからこそ、苦手な人にも得意な人にも、改めて言っておきたいのが、「100点だけが学ぶ意味じゃない」ということ。

べつの視点からもそのことをお話ししましょう。

たとえば、学校での「いじめ問題」がよく話題になります。「いじめがゼロ」になるのは多くの人が望む解決ですが、なかなかそうならない難しい問題の1つですね。この問題をどう解決するか。

小学生であれば、「道徳」の授業でみなさん自身がどうすべきかを話し合ったこともあるでしょう。あるいは「法律」で解決できることもあるし、国や自治体が設置している相談窓口に頼(たよ)る方法もあります。

インドのある学生は、いじめの発端(ほったん)がインターネット上の掲示板にあることに注目しました。そして、いじめにつながる書き込みをAI（人工知能）に見つけてもらって予防する解決策を考えたそうです。

AIとは、人間の判断の一部をコンピュータにやってもらおうという研究や技術ですが、AIを上手に使うためには、高校の数学や大学で専門的に学ぶ数学の知識が役立ちます。

何が言いたいかというと、いじめの問題だけではなくて、みなさんが社会に出たあとにもいろんな問題や課題に出会います。大人のみなさんはよくご存知(ぞんじ)のはずです。

そういうものに対して、インドの学生のように、数学の力を使って解決しようとすることが、算数や数学を学ぶ本当の意味。

つまり、**もしかしたら「正解」がないかもしれない問題に立ち向かうことこそ、算数・数学を学ぶ本当の意味**なんです。そう、100点じゃなくてもいい、数学で考えられることがいちばん大事。

「算数・数学は、たった１つの正解のために勉強している」という誤解（ごかい）がけっこうあるんですが、「それは違う!」とまず言いたいのです。そう思われているうちは、楽しくなさそうですし（笑）。

そして、**楽しめることにこそ、「正解」がないような、あらゆる状況における“壁”を乗り越える力がある**と思います。

とはいえ、こんな本を手に取るようなみなさんは、高い学習意欲があると思いますので、「勉強の遅れを取り戻したい」「もっとできるようになりたい」とか、考えているはずです。実際には100点取れたほうがいいですしね（笑）。

また、インドの学生のような目的意識で数学を使えるようになるには、もちろん高度な学力が必要になるので、この本がそういう手助けにつながればいいなとも思っています。

ただ、**中学生までのこの時期は、まだ楽しめればいいんです。それで理解が深まれば、なおよし**です。そのくらいの気楽な感じで進めたいと思います。

楽しみながら、理解を深める 4つの“気持ち”

現実に役立てる“気持ち”

では、どんな話をするかというと、一言で表すと**「算数・数学の“気持ち”の話」**です。

また唐突に“気持ち”だなんて、国語と違って数学にいちばん関係なさそうな単語が出てきて、意味わかんないですよね？　でも、相手をより理解するためには、“気持ち”を知るべきだと思いませんか（笑）？　そもそも楽しいとか、おもしろいとか、好きだというのは“気持ち”なので、そこの話をしたいと思います。

おもに、こんな“気持ち”があります。

① 現実の問題に役立てる気持ち
② それが凝縮（ぎょうしゅく）された公式・定理の気持ち
③ 論理的に問題を解決する気持ち
④ 数学を数学として楽しむ気持ち

①については、算数・数学を**日常に役立てる“気持ち”をもって、楽しめるようになってもらいたい**のです。わけのわからない文章問題をなるべくやらずに、ですね。

「いや、役立つわけない」「そうそう、だから将来使わないし、できなくてもかまわない」という声を、一度はまわりの大人や友達から聞いたことがあるでしょう。

でも、そもそも算数・数学は、重さや長さを計算したり、複雑な形の場所の広さを求めたりする、日常生活の課題や疑問を解決するための「武器」

として進化してきました。

だからこそ2000年もの長い間人々に必要とされ、学問としても発展してきたんですね。**現実の問題を解決してきた以上、算数・数学が生活や社会にとって役立たないわけがない**。

100歩譲(ゆず)って高校数学の段階で「役立たない」と言うならわかります。高度になるほど日常からは遠い話になるので（でも、もちろん役立ちますよ）。しかし、中学数学までのレベルでそう言うのは、ちょっと違うかなと。

「武器」の“気持ち”を知れば、理解も深まる

②については、中学で学ぶ「ピタゴラスの定理(ていり)（三平方(さんへいほう)の定理）」で説明しましょう。

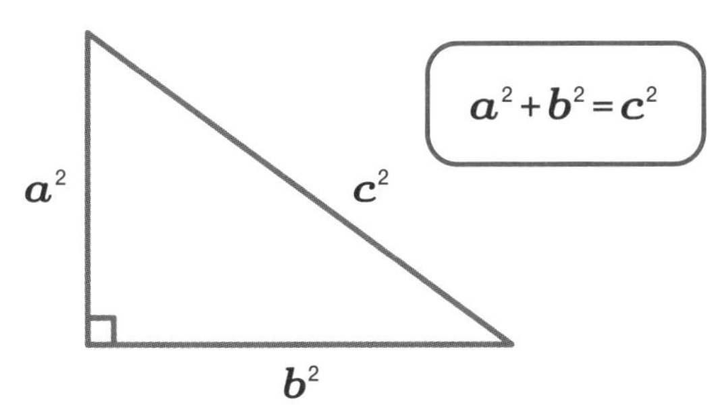

これは直角三角形の3つの辺の長さの関係を表していますが、数学があまり好きではない人にとっては、ただの味気ない式にしか見えないでしょう。

でも、公式や定理とは、長い間数学が研究されてきたなかで、「役立つ部分」を凝縮したエッセンス、真髄(しんずい)なんですね。それを解きほぐすと、**どんなふうに（どんな“気持ち”から）生まれたのか、どうやって（どんな“気持ち”で）使うべきか**を知ることができます。

ピタゴラスの定理を**暗記するのはかんたんですが、その“気持ち”を知るほうが間違いなく楽しめます**。

わかりやすい例として定理の話をしましたが、もう少し広い視点で見ると、

学校の**教科書自体が「正しい解き方」「正しいと認められている事実（定義）」といった、たくさんのエッセンスで成り立っています**。そして、そういうものを全部まとめてこの本では「武器」とし、その一部を取り上げながら“気持ち”を考えます。

率直に言うと、**「教科書の表面を学ぶだけでなく、裏の“気持ち”まで理解すると、もっと強くなれますよ」**ということですね。

「応用問題」を解く“気持ち”

③については単純に**問題を解くときの“気持ち”、考え方の話**です。どんな問題でも「解けて嬉しい」という素朴な達成感があるので、楽しいはずです。どういう“気持ち”で解くかを知りながら、解く過程を一緒に楽しんでもらえればと思っています。

「円周率が3.05より大きいことを証明せよ」

たとえば、これは東大の有名な二次試験の問題です。かんたんに解けそうもない問題でも、こんな“気持ち”で考えます。

- 手を動かして、例をつくってみる。x、y、zを求める問題があったら、まず適当な数で考えてみる。
- 小さいことを考えてみる。100年後を問われたなら、まず1年後を考えてみる。
- 極端な場合を考えてみる。
- 「こうだったらいいのにな」というように、問題を自分の都合のいいように言い換えてみる。似た問題を考える。

すると、解決の糸口が見えたりします。あとは自分がもっている「武器」、すなわち教科書に載っている「基礎」ともいえますが、これらをどう組み合わせて使うべきかを考えればいいんです。これが「応用問題」を解くことでもあります。

ちなみに、この問題は中学までの「武器」で戦えますよ。

ちょっと脇道(わきみち)に逸(そ)れますが、ここで「基礎」と「応用」の話をしましょう。

「基礎をしっかりやっても、応用問題ができません!」

こんな悩みをよく聞くからです。基礎は大事だし、これを積み重ねて応用問題ができるようになるのも間違っていませんが、もう一歩だけ踏み込んで理解しておくといいと思います。

基礎とは1つの話です。たとえば「次の方程式を解きなさい」とか、「円の面積を求めなさい」といった問題です。基礎は教科書に載っているので、このレベルは解きやすい。

「じゃあ応用は?」ということですが、これは厳密(げんみつ)には「基礎を使うこと」です。ただ、話がややこしいので **「応用問題は?」と問い直しましょう。これだと「複数の基礎を使うこと」** と言えます。そう考えると少し気が楽になりませんか?　でもなぜか、応用問題を「高度なセンスがないと解けない」なんていう、不思議なものに捉(とら)えている人は意外と多いんですね。

よって**応用問題を解くためには、「基礎の問題に分解して解くこと」、あるいは「最終的にほしい結論に対して基礎をうまく組み立てること」が必要**です。

反対に、応用問題が解けないのは、基礎の使い方がわかっていなかったり、論理的に問題を解決する能力が足りていなかったりすることが原因です。

このような"気持ち"や考え方は、現実の社会にある「正解がないかもしれない問題」を考える際にも役立ちます。

「数学を数学として楽しめる」ようになってほしい

じつは①〜③までの話は、ある意味「いつか役立つから、勉強しなさい!」

という話でもあります。よく言われますよね?

でも、「現実に役立つんだから、楽しめるでしょ?」という説得では、ちょっと息切れしてしまう部分もあるんです。とくに小・中学生のみなさんにとっては。

だから、④についてはもっとピュアな“気持ち”の話で、それは**数学を数学として楽しんでほしい**のです。算数・数学の“言葉”が数字や文字や記号だからといって臆(おく)さずに。

この感覚を言葉で説明するのは非常に難しいのですが、たとえば私はピタゴラスの定理を初めて見たときに、「憶(おぼ)えやすい!」ではなくて、「直角三角形からこんなにシンプルな式が成り立つなんてすごい!」と感動しました。気持ち悪いと思う人もいるかもしれませんが、「つくづく美しいなぁ」とさえ思えるんです(笑)。

これは算数・数学が役立つことの実感とは関係ない感覚ですが、**数学で成り立っている事実自体におもしろさや興味が出てくることが理想的**だと思います。

そのために、たとえば複雑な計算を鮮(あざ)やかに暗算して見せたりしますので、「すごいなぁ」「きれいな解き方だなぁ」という“気持ち”になってもらえたりすると、私の“気持ち”もよくなります(笑)。

もしあなたが「写真をうまく撮(と)りたい」と思ったときに、「いいね!」がたくさんもらえるというモチベーションだけよりは、撮影機器に興味(きょうみ)をもったり、写真そのものを好きになったりしたほうが上達は早いと思いますよね?

このように、**「役立つ」ことと、「それ自体を楽しめるようになる」ことの両輪(りょうりん)があってこそ、さらに上達し、本来のこの本の目標「好きになること」にもつながる**と考えています。

「武器」の広がりを感じながら中学数学までをイッキ読み

＜7つの道＞の意味

４つの“気持ち”の話には、べつの物語もあります。

ここで、「もくじ」をサラッとご覧ください。

①数の道　②方程式の道　③関数・グラフの道　④図形の道
⑤確率の道　⑥整数の道　⑦論理・証明の道

このような＜７つの道＞を確認できます。これらは学校で学ぶことを「7つの話題」に仕分けしたものです。

学校では学年ごとに教えることがある程度決められているので仕方ないのですが、たとえば昨日までは「数の話」をしていたはずなのに、今度は「図形の話」になるなど、話題が飛んでしまいがちなんですね。

そうではなく、**「いま学んでいる（読んでいる）ことが、次にはこうなるんだ」と、「武器」としての算数・数学が広がり、それによって「できることが増える」ことを感じながら、同じ話題をイッキに読み通せるほうが楽しめる**と思うんです。

また、算数・数学という教科の特徴ですが、どこかで一歩つまずいてしまうと、その先がどんどんわからなくなってしまうんですね。いま、授業についていけていないと感じている人は、まさにそうです。たとえば小４の算数でつまずくと、少なくとも中３までのあと５年は授業がわからない。これは地獄ですね（笑）。当然、嫌いにもなるでしょう。

でも、この形であれば「どのあたりでわからなくなったんだろう」とか、「あの話はここにつながるんだな」とか、そうやって自分の状況を俯瞰して確かめることができます。

この本は中学までに学ぶことを100％説明して理解してもらうことが目的ではありませんが、**＜道＞によって先々の流れを知っておくことは、必ずその助けになります**。

私の勉強法と、読みたかった本

「＜道＞によって先々の流れを知る」とお話ししましたが、これは私がいちばん大事にしてきた勉強法でもあるんです。

数学に限りませんが、**私の勉強法はシンプルです。それは予習すること**。おもに教科書を読んでいました。小学から中学の間では、最大で４年くらい先のことを教科書で読んでいました。高校生になると教科書は書店で買えることを知って、好きな数学に関しては１年生のときにすべて買い揃えました（笑）。

私は「予習力」と言っていますが、誰かに教わるまで待つのではなく、自力で先々のことを積極的に学ぶ力は大事だと思います。

あとは単純に復習が嫌いだったんですよね。だから学校の授業を復習の場にしてしまおうと考えました。嫌いな復習を強制的にやる計画です。

ただし、授業の内容を予習で知っているからといって遊んでいたわけではありません。

授業をおろそかにしない理由は２つあって、まず**先生が教えてくれることは、自分が知っていたことと違う場合がある**からです。数学に関して言うと、自分が学んだ解き方と違う方法を知る機会になります。

もう１つの理由は、高校までの先生には「板書計画」があるのが一般的で、ようするに**黒板に書く内容をあらかじめ用意しているんです。これは計**

画していることなので非常によくまとまっています。だから、余計なことを書き加える必要はなく、授業の話に集中できます。

少し話が逸れましたが、先ほど私が「予習力」が大事という話をしたのは、仮にあなたが小学６年生で、まだ学校で教わっていない話が出てきたとしても、あきらめずに読み通してほしいからです。そして、「◯年生の算数」のように、**学年で区切らないこの本のような内容は、「小学生の私自身が読みたかった本」** でもあるんです。

本来は学ぶ内容に対象年齢なんて関係ありません。小学生でも高校数学の「微分・積分」を理解することだってできるし、大人がこの本を読んで改めて算数・数学の可能性を見直していただくことも、もちろん大歓迎というわけです。

ゲーム的「楽しみ方」、一生モノの力

私はゲームも好きでよくやりますが、算数・数学はRPG（ロールプレイングゲーム）で剣や斧といった新しい武器を手に入れ、ときにはそれらを鍛えて強くする、そんな面があります。

<道>の１歩目には「こん棒」が落ちています。こん棒を手に入れたら、あなたはそれを振って日々練習してください。縦に振っても横に振ってもかまいません。これが基礎の練習です。これを使ってどう敵を倒すのか、私はおもに使い方、“気持ち” の話をします。

次のステップに進むと、「鉄の剣」を手に入れました。より強い武器になったので倒せる敵も増えます。同じように練習を繰り返して基礎を磨き、敵の倒し方、武器の使い方を学んでいきます。

べつの<道>では「鉄の斧」を手に入れました。これの使い方も身につ

けると、すでに手にしている「鉄の剣」と合体させることでより強力な武器となり、かなり強い敵を倒せるようになります。

また、この本で私が伝授できる「武器」の使い方には限りがあります。ある日、あなたがいつものように剣を使ってもどうもうまく敵を倒せない。ところが、「今度の敵は背中に弱点がありそうだから回り込んで斬ってみようか」などと、自分なりの使い方を考えられるようになってきます。あなた自身のレベルアップです。

右ページの図は、私が描いた、そんな冒険のシンプルなビジュアルイメージです。

算数・数学の世界に散らばる「武器」を獲得し、いろいろな使い方を身につけると、「武器」はより大きな力を発揮します。

すると、あなたが旅をした＜道＞は、やがて**脳の神経回路のように無数の＜横道＞が広がっていきます**。

そういう力が備わると、もはや向かうところ敵なしです！

あなたさえ望めば、社会問題の解決、新規事業の開発など、さまざまな場面で、数学の問題にして考え、解決することができる人になり得ます。

そして、**そういう能力は、一生モノ**であると断言できます。

前置きが長くなりましたが、この本を深く味わっていただくためのホームルームでした。

それでは＜７つの道＞で、またお会いしましょう！

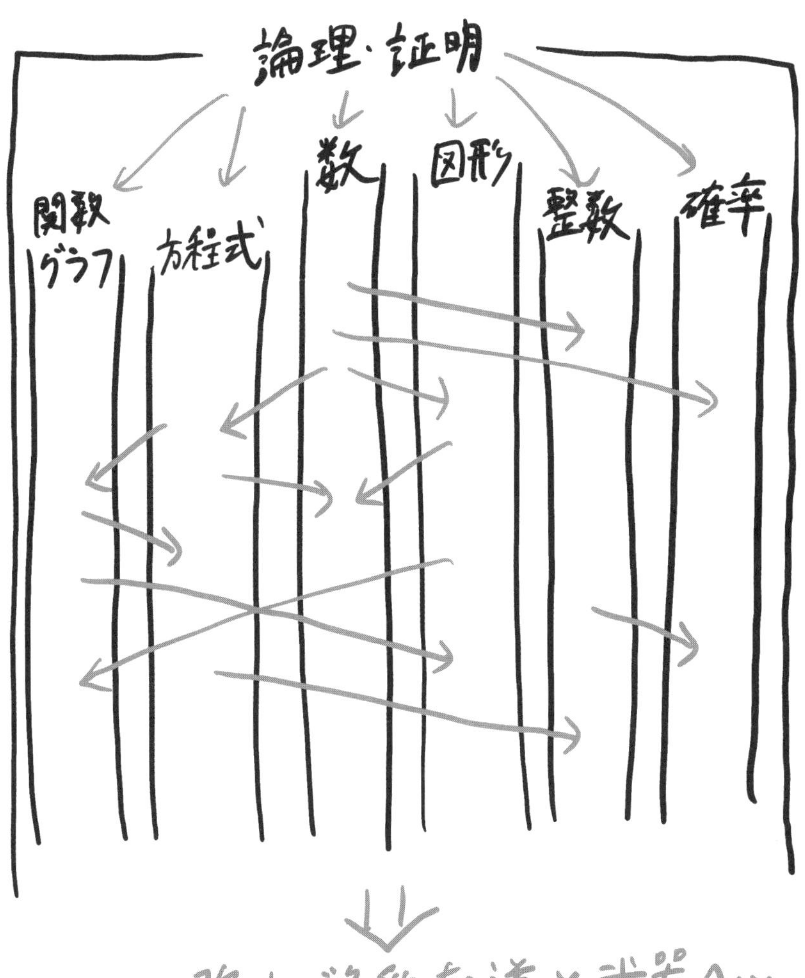

さらに強力で多彩な道と武器へ…

算数

1歩目 「小数」と「分数」の特徴や仕組みを知る（小学生）

2歩目 「割合」に慣れて、もう買い物で迷わない！（小学生）

3歩目 「負の数」で引き算が絶対にできる（中学1年生）

4歩目 「マイナスを引く」ことを確かめる（中学1年生）

5歩目 かけ算と割り算でも負の数を使う（中学1年生）

6歩目 測れそうなのに測れない？ 「平方根」の意味を知る（中学3年生）

7歩目 数を知り、理解することがすべての出発点（中学3年生〜高校生）

「小数」と「分数」の特徴や仕組みを知る

小学生

「小数」「分数」の使いどころ

最初に学ぶ数は「自然数（しぜんすう）」です。**自然数とは個数や順番を数えるためのもので、「1」「2」「3」……といった数**。そして、自然数を使った四則演算（しそくえんざん）、すなわち足し算、引き算、かけ算、割り算を学びます。

自然数を使った四則演算では、結論だけ言うと、引き算と割り算ができない場合があります。たとえば、「2−5=?」「3÷9=?」という場合です。

このうち、**「どうにか『3÷9』を数で表したい」"気持ち"から生まれるのが「小数」と「分数」**なんですね。こうやって「武器」は進化したり、広がったりします。

では、小数と分数を使って計算してみましょう。

小数では $3 \div 9 = 0.333333\cdots\cdots$

分数では $3 \div 9 = \frac{3}{9} = \frac{1}{3}$

すると小数では無限（むげん）に3が続いてしまい、割り切れません。これを「無限小数」といいます。小数の割り算では、答えがすぐに無限小数になってしまいがちなんです。

なぜかというと、**小数は10の単位で分けている**から。1の10倍が10、100倍が100になるのとは反対に、1を10に分けたうちの1つが0.1、100に分けたうちの1つが0.01です。そして、0.1とは$\frac{1}{10}$、0.01とは$\frac{1}{100}$なので、**割る数（「÷」の後ろの数、分母の数）**が2と5だけをかけた数でないと、無限小数になってしまうわけです。

$$\frac{1}{\underline{20}}=\frac{1}{\underline{2\times5\times2}}=0.05 \qquad \frac{1}{7}=0.1428571\cdots\cdots$$

20は2と5だけをかけた数　　　7は違うので無限小数になってしまう

「じゃあ小数って使えねぇ」ではなくて、使い方しだい。たとえば329.20154という小数で表された数は、「だいたい329だな」と想像できます。この「だいたい」を「近似(きんじ)」といいますが、**小数は近似には向いている一方で、計算にはあまり向いていません。**

他方、分数で$\frac{17}{144}$といわれても、とっさにどんな値か想像しにくいですよね？　でも、**分数ではどんな割り算でもできるので、近似にはやや不向きだけれども、正確な計算に向いている**んです。

算数・数学で考えることは「定式化」すること

問題

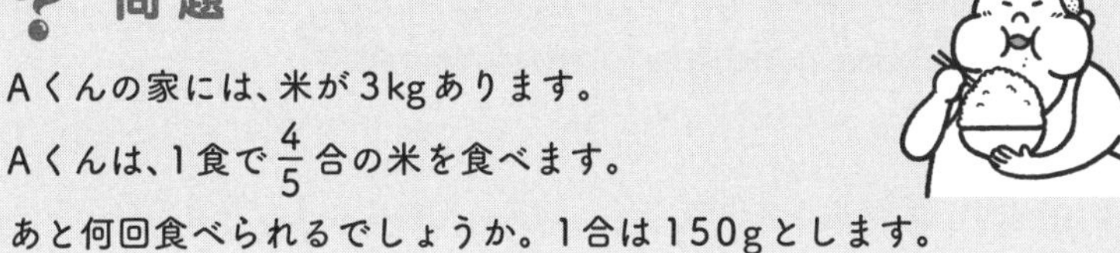

Aくんの家には、米が3kgあります。

Aくんは、1食で$\frac{4}{5}$合の米を食べます。

あと何回食べられるでしょうか。1合は150gとします。

この問題では単位がバラバラなので、まずはそれを揃える。今回は「合(ごう)」に揃えましょう。3kgは3000gです。「1合は150g」とあるので、**「3000(g)÷150(g)＝20(合)」**。Aくんの家には20合の米があることがわかります。

単位が揃い、準備が整ったので、いよいよ本題です。「家にある米がどのくらいもつか」という日常の問題を、みなさんはどう解決するでしょうか？

どんな問題であっても、算数・数学を使って考えようとすることが本当の学ぶ意味でしたね。そして、**「算数・数学を使う」ことは、あえて超シンプルに言うと「数式にする」ことです（厳密には数式だけでなく、論理や図形なども含みます）。これを少し難しい言葉で「定式化（ていしきか）」**といいます。

では、さっきの問題を定式化しましょう。分数が出てくるのでとまどう人もいるんじゃないでしょうか。

そんなときは、**自分がわかりやすいように変えてみるのが問題を解く"気持ち"**の１つです。なので、Ａくんが１食４合を食べる人だったらどうでしょう？　これだと**「20（合）÷４（合）＝５」**なので、「５回分だな」と考えやすいと思います。

すると、「あっ割り算を使えばいいんだ！」と、迷うことなく判断できるようになります。

よって、定式化するとこうです。

$$20 \div \frac{4}{5} = ?$$

「ひっくり返してかける」のはなぜか

あとは分数の割り算を計算するだけ。おそらく学校では**「ひっくり返してかける！」というテクニックを教わり、おまじないのように憶えている人も多いと思います。でもこの本では、その"気持ち"を考える**んでしたね。

なぜ、ひっくり返してかけるんでしょうか。

ここでも数を変えて考えてみましょう。もしＡくんが１食２合食べる人だったら、**「20（合）÷２（合）＝$\frac{20}{2}$＝10（回分）」**ですね。

さっきＡくんが１食４合食べる場合を考えましたが、その半分の２合しか食べない場合の答えは、５回分の２倍になり、10回食べられることがわかります。

では問題の$\frac{4}{5}$ですが、これは4を5で割った数ですね。ということは、答えは5倍になるはずです。つまり、こういう理屈(りくつ)です。

鶴崎チェック!

$$20 \div 4 = \frac{20}{4} = 5 \quad\quad 20 \div 4 = \frac{20}{4} = 5$$

↓2で割る　↓答えは2倍　　↓5で割る　↓答えは5倍

$$20 \div 2 = \frac{20}{4} \times 2 = 10 \quad\quad 20 \div \frac{4}{5} = \frac{20}{4} \times 5 = 25$$

すると、結果的にひっくり返してかけたものと同じになります。

ここで分数のかけ算の説明はしませんが、「$\frac{20}{4} \times 5$」と「$20 \times \frac{5}{4}$」は同じです。答えは25ですね。1日3食この米を食べるとしたら、8日と1食分はもつこともわかります。

「ひっくり返してかける」には、もっとシンプルなべつの考え方もあります。

「Aくんが1食1合を食べるとしたら20回分」➡「1食2合だったら10回分なので、答えは$\frac{1}{2}$倍になっている」➡「では1食$\frac{4}{5}$合に節約したら……答えは$\frac{5}{4}$倍になる」➡「つまり、$20 \div \frac{4}{5} = 20 \times \frac{5}{4}$といえる!」

こんなふうに、**自由自在に数を変えて問題を考えてみることは、いろいろな問題で活用できます。**

「割合」に慣れて、もう買い物で迷わない！

小学生

「1単位」を考える

日常生活でよく使われる算数の「武器」として、「割合」があります。とくに%（パーセント）、百分率（ひゃくぶんりつ）です。**百分率とは全体を100としたときの割合。**20%は全体を100としたときの20、分数で表すと$\frac{20}{100}$となり、小数だと0.2となります。

百分率がよく使われるのは買い物です。「600円のものが20%引き!」と言われたら、いくらでしょう？　もし、私がその場に居合（いあ）わせたとしたら、こう考えます。

> 「定価600円のものの20%引き」➡「ということは、定価の80%ということだな」➡「定価の80%ということは0.8倍だから」➡「600×0.8＝480」➡「480円だ!」

まあ、これはかんたんな話だと思います。では、こんな問題はどうでしょう。

問題

「さあさあ、おいしいイチゴが20%引きで400円！
明日までのお買い得だよ！」市場でこう言われたあなた。今は必要ではありませんが、そんなにお得だったら買っておいてもいいかも。
もともとイチゴはいくらだったんだろう？

さっきとは少し違って、今度は定価を考えます。

「20%引きで400円!」ということは、「何かを0.8倍すれば400円!」に言い換えることができます。定式化するとこうです。

> □(何か)×0.8＝400 ⬅両辺(「＝」の左右)を0.8で割る
> □(何か)＝400÷0.8

「0.8÷0.8＝1」なので左辺(「＝」の左)には「何か」だけが残り、あとは400÷0.8を計算すれば問題解決です。すると「何か」は、500円。したがって100円引きで売られていることがわかりましたが、これが「お得!」かどうかは、みなさんのお財布しだいですね。

さて、**割合の問題で私がおすすめしたいのは「1単位」を考えること。** すると、やや複雑な問題でも考えやすくなります。

試しに「定価の21%が1029円の品物の、定価はいくら?」を考えてみましょう。

鶴崎チェック!

定価とは100%がいくらかを考えることだから……

21%が1029円

⬇7で割ってみる

3%が147円

⬇さらに3で割ってみる

1%が49円

⬇定価の1%がわかったので、これを100倍する

100%が4900円 ⬅定価がわかった!

「%」とは$\frac{1}{100}$を1単位にしたもの。だから1%がわかれば、ど

んな割合にも対応できるようになるんですね。ここではわかりやすく段階を踏みましたが、いきなり21で割って1%を求めてもOKですよ。

「割」も同様です。こちらは$\frac{1}{10}$を1単位にしたものなので、1割がいくらかを考えてみることです。

定価の8割（2割引き）が500円の品物の定価は？

8割が500円

⬇ 1割を求めるために8で割る

1割が$\frac{500}{8}$円　⬅ これが「1単位」

⬇ 10割を求めるために10倍する

10割が$\frac{5000}{8}$円＝625円　⬅ 定価がわかった！

「速さ」「時間」「距離」の関係も暗記に頼らずに

速さ＝距離÷時間
時間＝距離÷速さ
距離＝速さ×時間

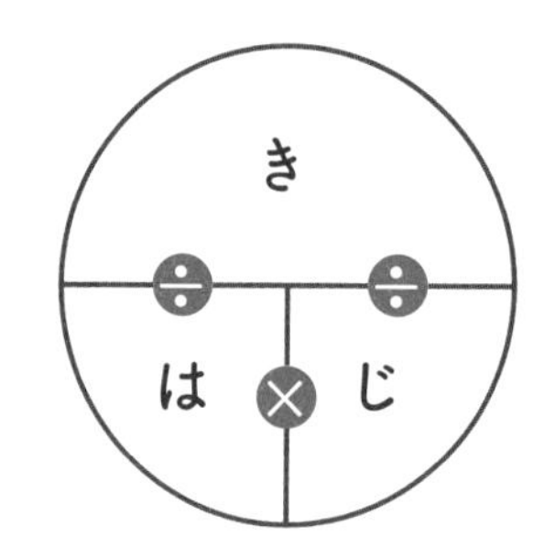

こんなふうに書いて、とりあえず暗記した人も多いと思いますが、この関係を使う“気持ち”は知っておく必要があります。

まず単位としての**「速さ」は、「『1単位』の時間にどれだけの距離を移動するか」を表すものなので、これも時間と距離の割合**の話なんです。時速だったら1時間、分速は1分間、秒速は1秒間

に移動する距離。

100kmを2時間で走る車の速さは、100kmを2時間で割れば1時間で進む距離が50kmとわかるので、時速50km（50km/h）というわけです。

問題

60kmを時速48kmの車で走れば、何時間で完走する？

「時間」を求める問題ですね。48というイヤな数があるので、べつの数で考えてみましょう。このときに**「速いほど時間はかからないだろう」という感覚をもつことが大切**です。

60kmを時速60kmで走れば、当然かかる時間は1時間。仮に2倍の速さ、時速120kmで走れば、かかる時間は半分の0.5時間になることはわかりますよね？　この関係さえわかれば、イヤな数でも惑（まど）わされることなく、「距離を速さで割れば時間が求められる」とわかります。なので、問題を定式化するとこうですね。

$$60 \div 48 = ?$$

念のため、この定式化で迷うようなら、「時速60kmよりも遅い時速48kmで走っているわけだから、1時間以上はかかるだろうな」という感覚をもっていると、「『$\frac{48}{60}$』と『$\frac{60}{48}$』は、どっちだ?」と迷うことなく、自信をもって**「$60(\text{km}) \div 48(\text{km/h}) = \frac{60}{48} = \frac{5}{4} = 1.25$（時間）」**と答えられるようになります。

ちなみに、「何時間何分で完走する?」という問題を考える場合には、1.25という数を考え直す必要がありますね。

これは1時間＋0.25時間であり、0.25時間とは$\frac{25}{100}$時間。「**約分（分母と分子を同じ数で割ること）**」すると、$\frac{1}{4}$時間です。

ここまでくれば、もうわかりますよね？　1時間の$\frac{1}{4}$なので15分。よって、1.25時間とは1時間15分です。

このような基礎の練習は重要です。バスケットボールでいえばドリブルの反復練習のようなもので、決して楽しくはないでしょうが（笑）。

でもスポーツと一緒で、うまくなりたいんだったら嫌いにならない範囲で、問題集を使うなどして日々の練習に励む必要はあります。

3歩目

「負の数」で引き算が絶対にできる

中学1年生

「0」より小さい数の誕生

「1歩目」で、「自然数では引き算と割り算ができない場合があるよ」とお話しし、分数という数の発明によって「割り算ができない問題」は解決しました。「じゃあ引き算は?」というのが、今回の話です。

あなたには、どうしてもほしい500円の本がありますが、今月のお小遣いを使ってしまっていて、持っているお金がありません。0円です。そこで、ご両親に来月のお小遣い500円を前借りして買いました。すると、今のあなたのお金はいくらですか?
「0円!」という答えはその通りですが、残念ながら返さなければならないご両親への借金があるので、0円以下です。

あるいは、得点を競うゲームでは、「+1000点」となる場合がある一方で、「－300点」となるペナルティーもあります。ペナルティーのときに0を下回ったらどうなるでしょう?

このような状況で、**「『0』より小さい数がないと不便だ」**と、人々は思い始めるわけです。そこで生まれるのが、「正の数」に対して、「負の数」という新しい「武器」なんですね。

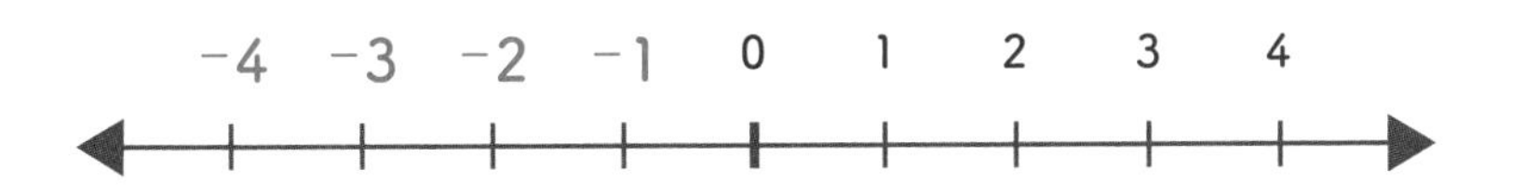

このように「0」より小さい数を「－(マイナス)」を使って表します。それによって、あなたの持っている本当のお金は「－500円」

と、数で表されてしまうんですね。

これらは日常の不便を負の数を使うことで解決する話ですが、算数・数学においては、**「引き算ができない場合があるのは困るよね」**という課題でした。**「2－5＝?」**のような場合です。

でも、負の数を手に入れたみなさんであれば、答えはもうわかりますよね？　そう、－3です。

そして、結論から言うと、**「負の数によって引き算が絶対できるようになったんだ」という認識をもつことが重要**です。ただし、みなさんが学校でも「負の数で引き算が絶対できる」と教わったかはわかりませんが、私がそう言ったからといって、そのまま納得してはいけません。それでは公式を丸暗記して済ませることと同じです。

「正の数どうしの引き算はできそうな気がするけれど、負の数を絡めた引き算は『絶対できる』とは言えないんじゃない?」

「あと、引き算は絶対できるようになっても、足し算、かけ算、割り算ができなくなったら意味がないんじゃ?」

すぐにこんなふうに思ったあなたは、けっこう数学を数学として楽しめています。すでにセンスありです（笑）。

ようするに、今度は**「3－(－2)＝?」「5×(－3)＝?」「－6÷5＝?」**といった課題が出てくるわけです。

「4歩目」「5歩目」では、これらについて考えてみましょう。

Column

数の種類

ここまでに出てきた数の種類は、「自然数」「小数」「無限小数」「分数」「正の数」「負の数」です。これらもそうですが、日常で一般的に扱う数の多くは「実数」といいます。高校数学では実数ではない数も扱いますが、ここでは実数の話に限定します。

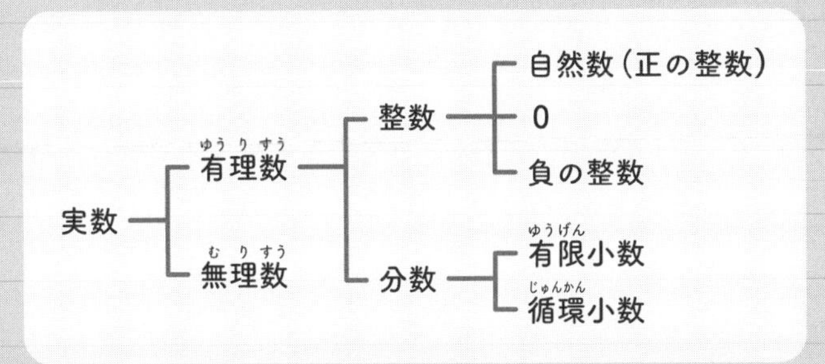

まず、実数は「有理数」と「無理数」に分けられます。「無理数」については、とりあえず「無限小数」の一部が入るとしましょう。

有理数は、「整数」と「（整数ではない）分数」に分けられます。

分数は、（小数の言葉で言えば）「有限小数」と「循環小数」に分けられますが、ここでの説明は省きます。

整数は「自然数」「0」「負の整数」に分けられます。よって、自然数は「正の整数」という場合もあります。また、自然数に0を含む流儀もありますが、この本では含まないことにします。

●正の整数=2、45、5332など／正の数=5、3.276、$\frac{5}{46}$など

●負の整数=−6、−802など／負の数=−22、−0.57、$-\frac{43}{11}$など

それぞれこのような数を表しています。

「マイナスを引く」ことを確かめる

中学1年生

負の数の足し算と引き算は、本当に“壊れない”か

「負の数を手に入れたことで引き算が絶対できるようになる」ことを「3歩目」でお話ししました。これに限りませんが、教科書に載っていることは、“壊(こわ)れないもの”として教わります。

でも、**「本当に正しいか」を自分自身でも考えてみる姿勢は大切**です。一度でも**自分で確認すると、より安心して使うことができるし、理解も深まる**からです。

まず、負の数の足し算が壊れない、つまり必ず成り立つのはなんとなくわかると思います。**「3＋(－2)＝1」**だったら、たとえば3円持っているところに2円のマイナスを足すことなので、差額のこと。1円です。**足し算は「＋」の左右を入れ替えても同じ結果になる**ので、**「－2＋3＝1」**も成り立ちます。

引き算はどうでしょう？ **「－1－7＝－8」**は、大丈夫そうですよね。1円借りていて、さらに7円引き出すと8円のマイナス。やさしい銀行です(笑)。

ちょっと考えるべきは**「3－(－2)＝?」**、このパターン。

「－7というのは、7円を引き出すことだった」➡「じゃあ、－2円を引く(マイナスする)というのは、－2円がなくなることだから」➡「銀行に2円の借金を返すのと同じ意味だ!」

こういう“気持ち”だと、**「3－(－2)＝3＋2＝5」**となる意味がわかります。「『－』と『－』で『＋』になる」と、機械的に憶えた人も、なぜそうなるかを理解しましょう。

この説明で納得しない場合に、ほかの考え方もできます。

$3-\underline{2}=1$ ➡ $3-\underline{1}=2$ ➡ $3-\underline{0}=3$
➡ $3-\underline{(-1)}=4$ ➡ $3-\underline{(-2)}=5$

引く数（「－」の後ろの数）**が1減ると、答えは1増える？**

これは、非常にシンプルな考え方ですね。あとは図で書いてみることを「図示（ずし）する」といいますが、これもよく使う考え方です。

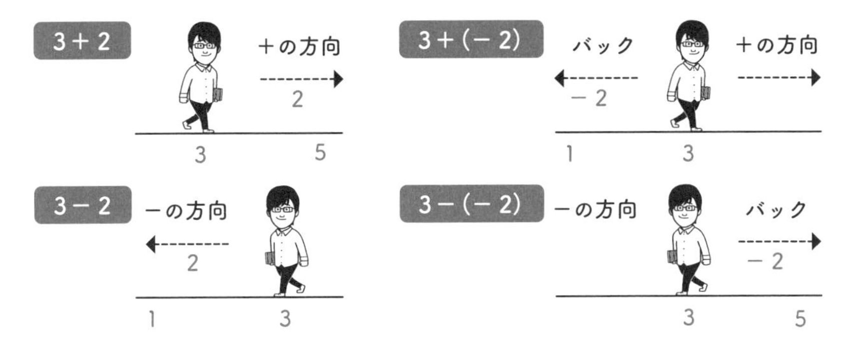

3－(－2) というのは、マイケル・ジャクソンのムーンウォーク。たとえが古いですかね（笑）。ようするに、＋の方向にバックすることです。

壊れる場合を確かめることの意味

負の数を理解している人にとっては退屈な話だったかもしれませんが、では1つ成り立たない例を挙げましょう。苦手な人の多い**「最大公約数（こうやくすう）」**の話です。

「6と8の最大公約数は?」という問題が出ると思います。負の数とは無関係なので、ここでは求め方の話はしませんが、**両方割り切れる数のうち最大の数**を問われている問題で、答えは2です。

すでに教わっている人は授業やテストを思い返してほしいのですが、最大公約数は当たり前のように整数の話になっています。では、「小数や分数の最大公約数」について考えてみたことはあるでしょうか?

鶴崎チェック!

○と□の最大公約数とは

○÷△=☆　□÷△=♡　←△の最大値が最大公約数

では、○や□が分数だったら……?

$\frac{1}{2}\div 1000=\frac{1}{2000}$　$\frac{1}{3}\div 1000=\frac{1}{3000}$

△は無限に存在するので、小数や分数の最大公約数はない!

つまり、**最大公約数の話は△、☆、♡のすべてが整数でないと成り立たない**ので、当たり前のように整数の問題として出てくるんです。でも、その確認をした人ってあまりいないと思います。

このように、**ダメなパターンも知っておくと、使えないものに無理やり公式を当てはめたりするミスがなくなります**。意外とみなさん、勝手に成り立つ前提で使ってしまうんです。

「序章」で触れたピタゴラスの定理「$a^2+b^2=c^2$」は、平面上の直角三角形であれば成り立ちますが、たとえば球面上だったら成り立ちません。それなのに、ダメなパターンを無視して問題を解こうとするから、結果間違うわけですね。

手に入れた「武器」は扱い方をきちんと確認して、1つずつ自分のものにしていくことが肝心(かんじん)です。

5歩目

かけ算と割り算でも負の数を使う

中学1年生

「マイナスをかける」ことの検証

今回は「4歩目」の続きで、負の数でかけ算と割り算は成り立つか検証しましょう。足し算と引き算だけができても「武器」としては弱いですからね。

まずは **「－5×2＝－10」**。これは理解しやすいと思います。5円借りていて、それが2倍というイメージです。

では **「5×(－2)＝?」** はどうでしょうか。「5がマイナス2倍ってなんだよ?」ということです。

①「入れ替えても一緒でしょ」という理解

正の数のかけ算では「3×5」と「5×3」は同じ15
じゃあ「5×(－2)」と「(－2)×5」も同じ－10だろうという考え方

②整合性の理解

5×2＝10 ➡ 5×1＝5 ➡ 5×0＝0

かける数(「×」の後ろの数)が1ずつ減ったら、
答えが5ずつ減っているので

5×(－1)＝－5 ➡ 5×(－2)＝－10

こうなるだろうという考え方

③図示してみる

5×2は、5円が2つ
だけれど……
↓

5×(−2)ということは、
2つの5円をまとめて
取っちゃうこと！

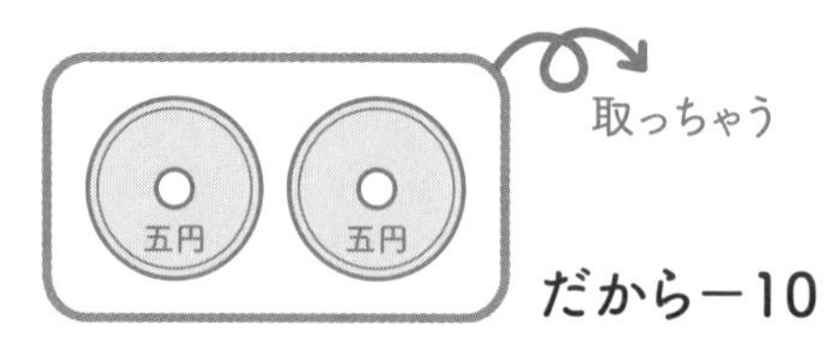

だから−10

ここまで納得できたら、次は**「−5×(−2)=?」**です。この場合は両方が負の数なので、左右を入れ替える方法は使えないですね。

①整合性の理解

−5×2=−10 ➡ −5×1=−5 ➡ −5×0=0
➡ −5×(−1)=5 ➡ −5×(−2)=10

かける数が1ずつ減ったら、答えが5ずつ増えている

②「取っちゃう」理論（図示してみる）

5×(−2)は、5円2つを
取っちゃうことだったけれど……

⬇

−5×(−2)だったら
借りていた5円2つが
まとめてチャラに！

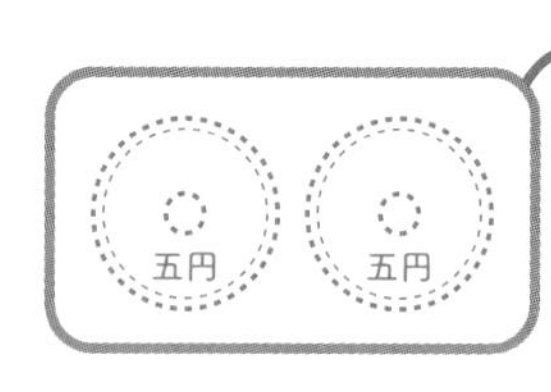

10円得した
イメージ

③数式を使った説明

−2を(0−2)と考えて「分配法則（ぶんぱいほうそく）」(※1)を使う。

−5×(0−2)
=−5×0−(−5)×2
⬇ かけ算を先に計算する
=0−(−10)
=10

※1 分配法則 $a\times(b+c)=a\times b+a\times c$
この本では詳しく解説しませんが、よく使うものなので、まだ教わっていない人はご自身で調べてみてください。また、「×」は省略できるので「$a(b+c)=ab+ac$」と表されることもあり、この本でも今後は省略する場合があります。

かけ算と割り算の関係性

たんなる確認から、数式による説明まで、いろいろ考えてみましたが、教科書通り「負の数が入っても、かけ算は使えそうだ」と、安心できたでしょうか。

次は割り算ですが、「1歩目」で、「分数の割り算は、なぜひっくり返してかけるのか」を考えたところ、じつは割り算とかけ算の密接（みっせつ）な関係が浮かび上がってきます。

あえて簡潔（かんけつ）に言いますが、「$\div \frac{4}{5}$」は「$\times \frac{5}{4}$」だったように、「$\div 2$」は「$\times \frac{1}{2}$」だし、「$\div \frac{1}{3}$」は「$\times 3$」が同じように言えます。つまり、**かけ算が成り立つんだったら割り算も成り立つ**というのは、なんとなく想像できるでしょう。

この関係は言い換えると、「$6 \div (-2) = ?$」という負の数が入った割り算が成り立つことを考えることは、－2をかけたら6になる数を考えることと同じです。

ちょっと混乱しますか（笑）？　数式にして説明すると、「$\square \times (-2) = 6$」の□に当てはまる数を考えることと同じ、というわけです。

そして、負の数のかけ算を学んだみなさんであれば、答えは「-3」と計算できることを知っています。このかけ算が成り立つんだったら、負の数の割り算でも「$\div (-2)$」は、ひっくり返して「$\times \left(-\frac{1}{2}\right)$」と同じと言えるし、すると「$6 \div (-2) = ?$」は「$6 \times \left(-\frac{1}{2}\right) = -3$」と、計算できます。

この考え方で割られる数（「÷」の前にある数）が負の数のパターンでも成り立つか、確認してみましょう。

「$-6 \div 2 = ?$」は、「2をかけて－6になる数を考えること」なので、答えは「-3」。

「−6÷(−2)=?」 は、「−2をかけて−6になる数を考えること」なので、答えは **「3」**。

正しい答えがちゃんと1つあるので、割られる数が負の数の割り算も成り立つことが説明できます。

学校で教わる当たり前の計算を、わざわざ検証（けんしょう）して何になるんだという疑問は尽きないかもしれませんが、**説明できることこそ、自分で考えて、いろいろな場面で使えるようになること**です。

そして、**算数・数学は積み重ねですから、今やっていることが、この先の問題解決を保証してくれる**んです。具体的には、負の数で四則演算ができることが保証されていれば、たとえばこの本でもいずれ出てきますが、「一次方程式」の問題 **「$-2x=-10$」** が解けることも保証してくれるわけです。

なぜ、「0」で割れないのか

「○÷□＝?」は「□をかけて○になる数を考えること」と、お話ししました。このかけ算と割り算の関係で考えてみると、「0」で割ることの意味が見えてきます。

> 6÷0＝☆
> ⬇ 0をかけたら6になる数を考える
> ☆×0＝6

適当に式を挙(あ)げるとこうなりますが、☆に当てはまる数は存在しません。0をかけると、すべて0になるため、もちろん6にはなり得ないからです。割られる数がなんであっても絶対に成立しないので、0で割ることはできません。

では、0を0で割ったらどうでしょうか？

> 0÷0＝♡
> ⬇ 0をかけたら0になる数を考える
> ♡×0＝0

今度は「なし」ではなく、♡に当てはまる数は「なんでもあり」です。どんな数に0をかけても0になるからです。つまり**「0÷0＝?」**の答えは「すべての数」になってしまうので、それはそれでおかしなことになってしまいます。

よって、いかなる数も「0」で割ることはできないんですね。

測れそうなのに測れない？「平方根」の意味を知る

中学3年生

分数の“間”を探る

「自然数」「分数」「負の数」を手に入れたみなさんは、すべての四則演算ができるので、日常生活で困ることはほぼありません。

それでもまだ、数は進化します。次は中学3年生で学ぶ$\sqrt{\ }$（ルート）を使って表される「平方根（へいほうこん）」です。

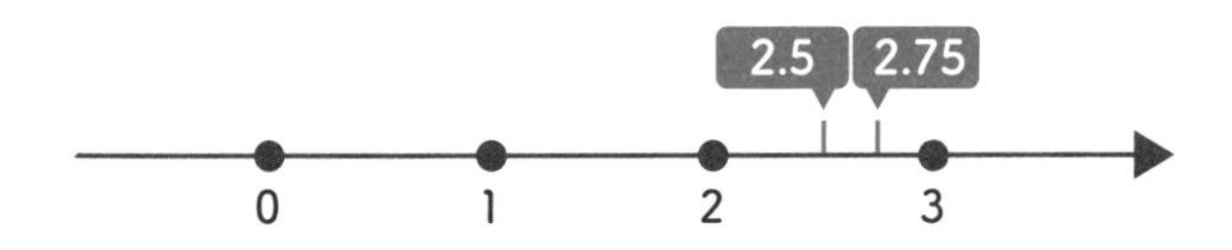

こんな図を37ページにも載せましたが、これを「数直線（すうちょくせん）」といいます。**数には大小があるので、直線上に並べることができる**んですね。

では、2より大きくて、3より小さい数はなんでしょうか？　小数では、たとえば2.5、2.75と、数直線上にたくさんあります。

じゃあ2より大きくて、2.5より小さい数は？　これも2.25、2.4782367……と、いくらでも挙げることができますね。

分数でも同じことができます。

問題

①$\frac{1}{3}$より大きくて、$\frac{2}{3}$より小さい数は？

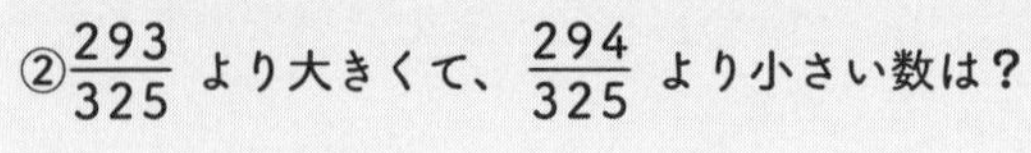

②$\frac{293}{325}$より大きくて、$\frac{294}{325}$より小さい数は？

①は、たとえば頭の中で丸いピザを思い浮かべて、「$\frac{1}{3}$は半分より小さいよな。$\frac{2}{3}$は半分より大きいから、半分の$\frac{1}{2}$は当てはまるな」などと、挙

げられなくもない。

では②はどうでしょう？　すぐには答えられないけれど、「こんなイヤな分数の間にも数はあるんだろうな」と、想像はできると思います。

じつは、この問題にはかんたんに解ける考え方があります。

鶴崎チェック！

$\frac{293}{325}$より大きくて、$\frac{294}{325}$より小さい数は？

⬇それぞれの分母と分子を10倍する

$\frac{2930}{3250}$より大きくて、$\frac{2940}{3250}$より小さい数は？

これならすぐにわかりますよね？　たとえば中間の$\frac{2935}{3250}$が当てはまります。何をやったかというと、**約分の逆をやっただけ**です。

念のためお話しすると、分母と分子を10倍したからといって数の大きさは変わっていませんよ。$\frac{1}{2}$と$\frac{10}{20}$が同じ大きさなのはわかると思いますが、$\frac{2935}{3250}$は分母が違っても②の正解です。

①も同じように解けるし、2つの数の分母が異なっても大丈夫です。その場合はまず**「通分（つうぶん）（分母の数を揃えること）」**します。

たとえば「$\frac{1}{2}$より大きくて、$\frac{2}{3}$より小さい数は?」という問題は、通分すると「$\frac{3}{6}$より大きくて、$\frac{4}{6}$より小さい」になります。分母が2だったら3をかければ6に、3だったら2をかければ6になるので、それぞれ分子にも同じ数をかければいいんです。

そして、分母と分子を10倍すると、「$\frac{30}{60}$より大きくて、$\frac{40}{60}$より小さい」となり、これならすぐにわかりますよね？　中間の$\frac{35}{60}$は答えの1つですが、これを約分して$\frac{7}{12}$という答えを導くことができます。

なんだか頭の体操のような話ですが、こう考えていくと**「分数では間にある数が無限に求められる」**という、大事な話なんです。

さっきの数直線で考えると、**どんな数の間にも数が詰まっていて、どんな分数の間にも数がぎゅうぎゅうに詰まっている**んです。

分数で表せない数との遭遇

問題

1m四方の正方形があります。
この対角線の長さは何mでしょう。

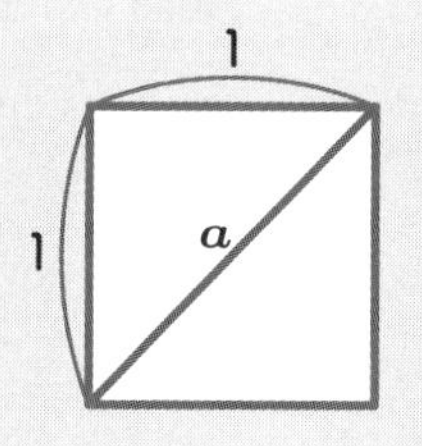

仮に**対角線（多角形上の異なる頂点を結ぶ線）**の長さを a とします。じつはピタゴラスの定理を使えばかんたんに定式化できますが、ここでは使わずに考えてみましょう。

そこでまず、縦と横が2倍の長さの図を考えます。

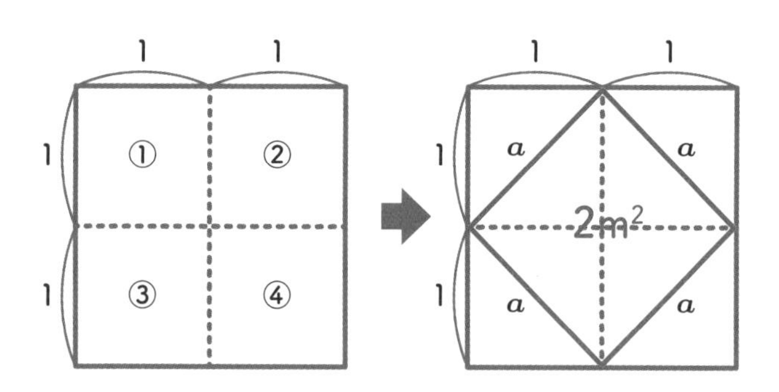

四角形の面積は「縦の長さ×横の長さ」で求められるので（くわしくは<図形の道>でお話しします）、左の図のように2m四方の正方形の

面積は、**「2 (m) × 2 (m) = 4 (m^2)」** とわかります。問題にある 1m 四方の正方形の、ちょうど 4 つ分になっていますね。

次に、右の図のように線を引いて、対角線 a を一辺とする正方形を考えましょう。これは 1m 四方の正方形の、半分の大きさ 4 つ分なので、面積は $4m^2$ の半分、$2m^2$ になることがわかります。

定式化するとこうなります。

$$a\,(\mathrm{m}) \times a\,(\mathrm{m}) = 2\,(\mathrm{m}^2)$$

これは「同じ数をかけて、2 になる数ってなーんだ」という、なぞなぞみたいでかんたんそうですが、実際に考えてみると、これまでの「武器」を総動員(そうどういん)しても解けません。自然数のかけ算は「九九(くく)」で憶えますが、探してもないですよね?

じゃあ、そのほかにも分数や負の数だったらどうでしょう。どんなにそれらしい数字を当てはめてみても、やっぱりないんです。

でも、**「明らかに対角線の長さ a はそこにあるわけだし、測ることだってできそうなのに、数で表せないのは困る」という"気持ち"** です。これまでのように困ったら広げるしかない!

そこで数学の世界では平方根が生まれました。**平方根は、2 回かけて x になる数を $\sqrt{x}$ と表します。**

問題は「2 回かけて 2 になる数は何か」だったので、答えは **「$a = \sqrt{2}$ (m)」** となります。

これはどんな数かというと、先ほど試したように、間にある数を無限に求められる **分数をもってしても表せない数、それでも数直線上にある数** です。

第1章 数の道
第2章 方程式の道
第3章 関数・グラフの道
第4章 図形の道
第5章 確率の道
第6章 整数の道
第7章 論理・証明の道

5 6 7

「$a \times a = 2$」の場合は「$a = \pm\sqrt{2}$」　「$a \times a = 3$」の場合は「$a = \pm\sqrt{3}$」

「$a \times a = 4$」の場合は「$a = \pm\sqrt{4}$」?　「$a \times a = 5$」の場合は「$a = \pm\sqrt{5}$」

このように表されますが、注意したいポイントは、負の数どうしのかけ算でも答えは正の数になるので、さっきのように長さを求める場合はべつとして（0より小さい長さはないので）、本来 a は± （プラスマイナス）の２つあります。

もう１つ、このなかの **「$a = \pm\sqrt{4}$」** は、平方根を使わなくてもいいですよね？　そう、２や－２どうしをかければ４になるので、無理に$\sqrt{\ }$を使う必要はなく、むしろ **「$a = \pm 2$」** がわかりやすい表し方です。

Column

「平方」って？

平方根の「平方」は、数学では「同じ数を２回かけること」を意味しています。これを「２乗（じょう）する」ともいうため、平方根は「２乗根（じょうこん）」ともいいます。

３回かけることは「３乗する」といい、３乗根は $\sqrt[3]{\ }$ と表します。以下、４回かける場合も同様です。

また、２乗は a^2、３乗は a^3 と書くことができます。

よって **「$a \times a$」** と **「a^2」** は、いずれも a を２回かけることを表しています。

7歩目

数を知り、理解することがすべての出発点

中学3年生〜高校生

「無理数」とはどんな数か

「6歩目」では、数直線上にあるのに分数でも表せない、新しい「武器」となる数、平方根の話をしました。

そして **「$a \times a = 2$」** を考える際に、「どんなにそれらしい数字を当てはめてみても」と言いましたが、これを実際にやってみることで「平方根がどんな数なのか」、より理解してもらいたいと思います。

$\sqrt{2}$で考えてみましょう。これは2回かけると2になる数でした。そこで **「1×1＝1」**、**「2×2＝4」** であることを考えると、「$\sqrt{2}$は1と2の間にあるのでは？」と予想できます。

では1と2の中間の1.5を2回かけてみると、**「1.5×1.5＝2.25」** なので、2より大きい。じゃあ1.5より小さい数、1.4ではどうでしょう。**「1.4×1.4＝1.96」** です。2より小さいので、$\sqrt{2}$はこの1.4と1.5の間にあるようです。また、1.5を2回かけた場合より2に近づいたので、ちょっとだけ増やしてみましょう。

そこで **「1.41×1.41＝?」**。これは1.9881なので、もう「ほとんど2」と言っていいレベルですが、2ではない。結論を言うと、こうやって調べても2になる数はなく、無限に続きます。

$\sqrt{2}$＝1.41421356……　　$\sqrt{3}$＝1.73205080……

そして **小数点以下がデタラメに無限に続くということは、基本的に分数に**

しようがないので、平方根は分数で表せないというわけです。しつこいようですが、それでも1.414……という数は1と2の間にあるので、確かに数直線上にあるんです。

じつは39ページのコラムで少し触れているんですが、「実数」は「有理数」と「無理数」に分けられ、無理数とは「無限小数の一部が入る」としました。この一部というのが$\sqrt{2}$であり、$\sqrt{3}$などです。

そして、この無限小数の一部とは、「循環しない小数」という数学っぽい、難しげな言い方があります（笑）。$\sqrt{2}$や$\sqrt{3}$を見るとわかる通り、小数点以下の数字はデタラメに延々と続きます。これを「循環しない」というわけです。

一方、同じコラムで、有理数のなかの「分数」は、「『有限小数』と『循環小数』に分けられる」としました。有限小数は、文字通り無限ではない小数です。たとえば有限小数の0.05は、$\frac{5}{100}=\frac{1}{20}$のように分数で表すことができます。

厄介なのは循環小数ですが、かなりかんたんにお話しします。これはさっきの循環しない小数に対して、循環する小数です。たとえば28ページで取り上げた**「3÷9＝0.333333……」**の0.33333……、あるいは1.5423423423……だと「423」が繰り返し延々と続くのですが、このような規則性があるものをいいます。規則性はありますが、循環小数もまた無限小数です。

「無限小数だったら分数にできない。ってことは無理数では?」と、疑問が浮かぶかもしれません。ここが厄介なところで、この本の主旨とは離れるので結論だけ言うと、循環小数は分数で表されるので有理数に分類されます。インターネットで検索するだけでたくさんのすばらしい説明があるので、ぜひチェックしてみてください。

数の広がりをおさらい

さて、本来であれば負の数で行（おこな）ったように、新しい数を手に入れたらそれが四則演算で成り立つかを検証して安心したいところですが、この本では行いません。天才的な考え方を取り入れたおもしろい話ではあるんですが、理系の大学生になれば教わるレベルの高度な話になるので、とても数ページでは足りないからです。

そもそも<数の道>を通じて私が伝えたかったのは、次の２点です。

鶴崎チェック！

①新しい数はむやみにできたのではなく、必要だったからできた
②新しい数には、新しい性質とルールがある

基本的に②は学校で教わることですが、ときにはそれをそのまま受け取らずに、実際に自分で確かめることが大切なので、負の数ではそれを体験してみたんですね。

最後に、改めて数の広がりを振り返ってみましょう。

まず、小学生で「自然数」「0」「小数」「分数」を学びます。

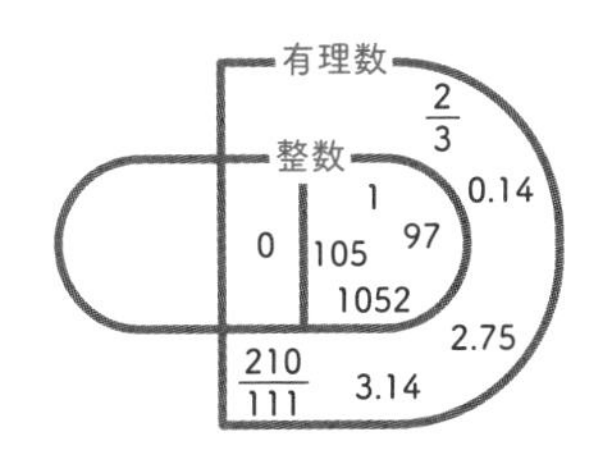

そして、中学に入って「負の数」を学ぶと左側が増え、さらに「平方根」

という無理数を手に入れて拡張します。

ちなみに、算数で「3.14とする」などと学ぶ「円周率」も、じつは循環しない無限小数なので無理数なんですね。中学数学では計算が面倒になるので円周率をπ（パイ）とします。

無理数というのは適当にいくらでもつくれます。**そのなかでも平方根や円周率は無理数の代表**みたいなものです。

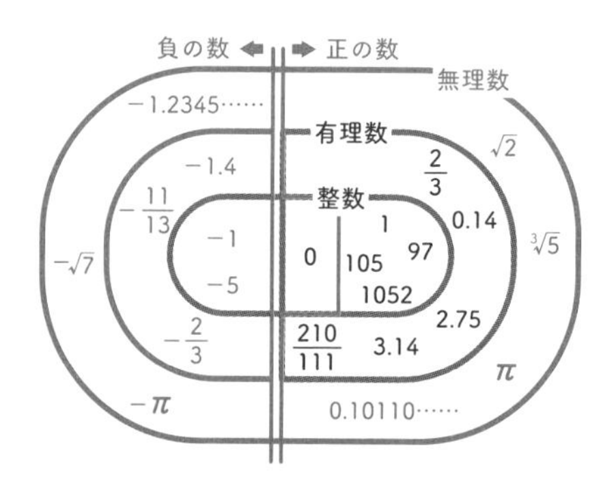

この図全体の数は、**すべて数直線上にある「実数」**といいます。

そして、**高校数学ではもう1段階増えます。「複素数」**です。

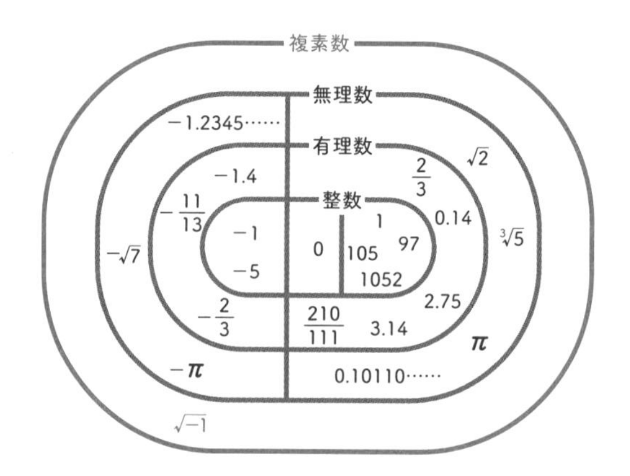

複素数は、実数ではない「虚数」を含む、全体で表され

る数です。**虚数というのは「2回かけてマイナスになる数」**。これは実数にはありませんよね？　実数ではプラスとプラスをかければ当然プラス。マイナスとマイナスをかけてもプラスでした。

では、虚数はどんな数かを少しだけお話しすると、実数ではない、つまり数直線上にはないんですが、二次元にすることで現れます。

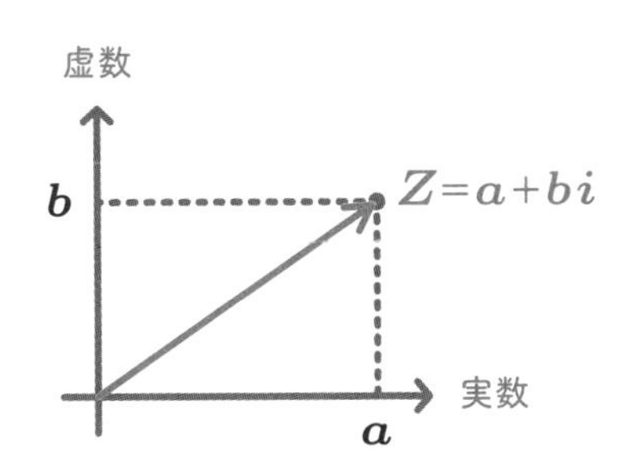

複素数には本当にいい性質があって、大学になるとそれをいっそう実感できます。具体的に知りたいあなたは、ぜひ高校数学を「予習」してみてください！

負の数までを扱えれば、日常生活においてはだいたい満足できます。そして、複素数までを自分の「武器」にできれば、あなたの人生を切り開く数学力においても、なかなか満足できます（笑）。

数は算数・数学の"言葉"のようなものという見方がありますが、まさにその通りで、性質を理解し、正しいルールで使えば、文章にすることができる。すなわち、計算することができます。

性質やルールが複雑で、面倒で、放り出したくなる気持ちも理解できますが、反対に**性質やルールの"気持ち"やおもしろさを知って、そこを乗り越えられれば、これほど単純な話はない**と思います。

たとえば、50ページの問題は「$a \times a = a^2 = 2$」と定式化できれば十

分に立派です。**定式化できるのに解けない問題というのは、学問としての数学だけでなく、世の中の問題にはたくさんあります**。

ただ、あのときのあなたは平方根という“言葉”を知らなかっただけ。知ってさえいれば、たとえあなたが何歳であっても一瞬で解ける問題です。

つまり、**数を知らなくても定式化できる可能性はある。数を知ればできることが増える**。

よって、まずは数を理解することこそ、これから進むほかの<道>にとって大きな助けになります。

第2章

方程式の道

- 1歩目　方程式は「わからない数」を当てること（小学生～中学1年生）
- 2歩目　方程式をつくることと解くことは違う（中学1年生、高校生）
- 3歩目　「一次方程式」は「天秤の気持ち」で解く（中学1年生）
- 4歩目　方程式は1つとは限らない。「連立一次方程式」の発見（小学生～中学2年生）
- 5歩目　「1個だったらなぁ」という願望を叶える「代入法」（中学2年生）
- 6歩目　「係数が同じだったらいいのに」を叶える「加減法」（中学2年生）
- 7歩目　強敵「二次方程式」を攻略せよ！（中学3年生）
- 8歩目　万能ではないが強い「因数分解」を試すべき（中学3年生）
- 9歩目　日常でも使える因数分解のスゴ技（中学3年生）
- 10歩目　二次方程式編、完結　「解の公式」を自分のものに（中学3年生）

1歩目

方程式は「わからない数」を当てること

小学生〜中学1年生

現実的に「わからない数」とは

じつは、もっともかんたんな方程式の話は、すでにしています。33ページの**「□（何か）×0.8＝400」**や、45ページの**「□×（−2）＝6」**です。このように「まだわからない□が式の中にあること」が方程式たるゆえんなので、**「わからない数」を当てることが、方程式の素朴な存在理由**といえます。

そもそも数は、何かを数えたり、測ったりするためにあるので、それが「どのくらいか」を当てたい状況は日常生活にあふれています。「どのくらいか」は、「わからない数」なので。

たとえば「いま持っているお金で120円のジュースは何本買えるかな」という明日にでもありそうな話や、「ロケットで月に行きたいんだけどどんな角度で飛ばせばいいんだろう」という難しそうな「わからない数」もあります。

とにかく**「わからない数」を探し出したい“気持ち”になることが多いので、そのときの「武器」として方程式が生まれた**んですね。

では、なるべく現実に即して、方程式を使う話をしましょう。

問題

**転校生のAちゃんは、初めての登校で歩いて学校に向かいました。
ところが登校時間に間に合いそうになかったので、
途中から駆け足で、なんとか遅刻せずに済んだそうです。
お母さんはこの話を聞いて、明日からは走らずに
学校に行けるようにしてあげたいと思いました。**

「これって問題なの?」と思ったでしょうが、**現実的な問題とは、それが数学の問題なのか、そうだったら解けるのかどうかもわからない**ものです。

さて、みなさんがAちゃんのお母さんだったら、どうするでしょうか? そう、歩いても遅刻せずに学校に着くようにしてあげたいので、当然Aちゃんの歩く速さを知る必要がありますよね。

ただし、この問題ではそれだけでなく、現段階で「わからない数」が全部で4つあります。

① Aちゃんが歩く速さ
② Aちゃんが走る速さ
③ Aちゃんが登校にかかった時間
④ Aちゃんの家と学校までの距離

このうち、③はAちゃんに聞けばだいたいわかります。Aちゃんは登校時間の8時30分の20分前に家を出て、間に合いそうもないので5分くらい走ったそうです。同時に15分は歩いたということがわかります。

そして、④は調べればわかります。今は便利な地図アプリだってあります。お母さんが調べると1500 mであることがわかりました。

すると実際にわからないのは、①と②の速さです。これは聞いても調べてもすぐにはわかりません。わからないので、Aちゃんが歩く速さを1分あたり**「x (m/min)」**としましょう。

それから②の走る速さですが、これもわからないので、本来は x 以外の文字を当てはめて考えるべきですが(それでも解けます)、今回はだいたいで考えているので、歩く速さと比較して想像することにします。本人によると駆け足ということなので、歩く速さの2倍としましょう。よって、Aちゃんの走る速度は、分速**「$2 \times x$ (m/min)」**と考えます。

距離に着目して定式化すると……

15(分)×x(m/min)+5(分)×2×x(m/min)=1500(m)

$15x+10x=1500$ ⇐ 式を整理

$25x=1500$ ⇐ $15x+10x=25x$

$x=60$(m/min) ⇐ 両辺を25で割った

Aちゃんの歩く速さは、だいたい1分間で60mとわかったので、学校までの距離1500mを60mで割ると、歩いてかかる時間がわかります。計算すると、だいたい25分ですね。

この結果を踏(ふ)まえて、明日からは余裕(よゆう)をもって30分前には送り出すのか、あるいは毎日歩くのは大変そうなのでバスで通わせてあげるのか。お母さんとしては選択肢(せんたくし)が増えたものの、「Aちゃんが遅刻しないようにする問題」は解決できました。

基本的な方程式の手順

こんな問題がテストで出たら「ふざけるな!」ですよね(笑)。あと、「ただしAちゃんは、歩く速さの2倍の速度で走るものとする」といった感じでヒントが与えられるのが普通の文章問題です。

私があえてこんな変な問題を出したのは、「わからない数を当てたい」という方程式の"気持ち"を強調したかったからです。今回の問題を解くために私が行ったのは、次のような過程(かてい)でした。

鶴崎チェック!

A.情報を整理する　B.すぐわかる数とわからない数を見極(みきわ)める
C.本当にわからない数に文字を当てはめる　D.定式化する　E.計算する

これが方程式の基本的な手順ですが、「1歩目」ではとくにＡ～Ｃについて、すなわち**現実的にはすぐに得られる数がある一方で、速さのようななかなかわからない数がある**ことを知ってほしかったんです。たとえば、方程式に慣れるための伝統的な問題に「鶴亀算（つるかめざん）」がありますが、ご存知でしょうか。

問題

鶴と亀が合わせて５匹います。足の数は全部で12本。
鶴と亀はそれぞれ何匹いるでしょうか。

こんな問題です。解き方はいろいろあるので、それを考えるのはおもしろいのですが、私は問題の不自然さが気になってしまいます。「なんで足の数を数えたの?」とか、「合わせて５匹いるなら、それぞれ何匹かも数えたらすぐわかるよね?」とか（笑）。

これで方程式を現実で使える人になるかという点では微妙（びみょう）だなと思うので、速さのような、すぐにはわからない数を例題にしたわけです。

Column

方程式の計算のルール

計算には便利なルールがあります。44ページで触れた「分配法則」もその１つです。ただ、全部のルールを紹介していると長くなってしまうので、この本では読み通すのに必要なことだけに触れます。

さっきのＡちゃんの問題では、**「$15 \times x + 5 \times 2 \times x$」**がなぜ**「$25x$」**になるかがわからないと、本来はこの時点で詰みです。

これは「同類項（どうるいこう）をまとめる」というルールですが、こんなところでつまずいてほしくないので、きっちり練習して身につけましょう。

2歩目

方程式をつくることと解くことは違う

中学1年生、高校生

方程式をつくれる力が重要

問題

人口5000万人のある国は、毎年1%人口が増加しています。国の資源は1億人までを賄(まかな)えるという試算があり、同じペースで増加した場合、この国では何年後に限界を迎えるでしょうか。

この問題の情報を整理して、定式化しましょう。

まず、最終的に何を求めればいいかというと、この国が「何年後に人口1億人に達するか」ですね。1億人を超えるとマズイから、そのときを知りたい“気持ち”なので。

そして、「何年後」というのは未来予測なので、どこを調べても「わからない数」です。したがって、これを**「x 年後」**とします。

反対に、わかる数は「現在の人口5000万人」と「毎年1%人口が増える」ことです。

では1年後の人口は?

5000(万人)×1.01(1%分増える)
=5050(万人)

2年後の人口は?

5000(万人)×1.01×1.01(1%増が2回)
$=5000\times(1.01)^2$
=5100万5000(人)

1 2 3 4 5

5年後の人口は?

5000(万人)×1.01×1.01×1.01×1.01×1.01(1%増が5回)
=5000×(1.01)^5
=約5255(万人)

「○年後の人口は、1.01 を○回かければいい」とわかる
よって人口1億人になるx年後は……

$$5000(万人)\times(1.01)^x=10000(万人)$$

実際に手を動かして考えてみると、単位には注意が必要ですが、**「5000×(1.01)^x=10000」** は、間違いなく問題を式で表したものであり、**「わからない数 x」** に適当な数を入れれば答えが出るので方程式といえます。みなさんは解けるでしょうか?

結論を言うと、この方程式は高校数学で学ぶ「指数(しすう)・対数(たいすう)」の「武器」がなければ解けません。

「またふざけた問題を出しやがって!」と思われるでしょうが、**重要なのは「でも式にはできたよね?」ということ**。小・中学生のみなさんであっても、少なくとも式になる過程は理解できたと思います。1年後という近い未来から考えて、決して難しいことを考えずに定式化できました。すなわち、数学の問題にできたんです。

方程式を解けるかどうかは、方程式にできることとは全(まった)くべつの話です。つまり、解き方はこれから<方程式の道>で知る「武器」の話なので、必ずしも思いつく必要はありません。58ページの「平方根を知らなかっただけ」と同じで、これから解き方を知ればいいだけなんですね。

式をつくったら一次方程式だった

では、似た問題でもう1つ練習してみましょう。

**ある資源は、地球上にあと1000t（トン）しか残っていません。
いま世界中で毎年50t、この資源を消費しています。
このままいけばあと何年でなくなってしまうでしょうか。**

算数ができる人は、**「1000 ÷ 50 = 20」** だから、「20 年後になくなる」と、すぐに解答できると思います。

でも練習なので、べつの方法で定式化してみましょう。「わからない数」は資源がなくなるまでの年数なので、これを **「x 年」** とします。

毎年 50t 消費していて、これが **「x 年後」** に 1000t になると資源は枯渇するので、使用量に着目して式にすると、右のようになります。

$$50x = 1000$$

これが解ければ x 年後がわかります。50 に何をかければ 1000 になるか。答えは **「x = 20」** ですね。

ここまでに出てきた **「□×(－2) = 6」「25 x = 1500」「50 x = 1000」** のような式は、「一次方程式」として最初に学びます。**一次方程式は、「わからない数 x」の何倍かと、「定数（わかっている数、変化しない数）」だけ**が含まれるので、こんなのも一次方程式です。

$$50x + 300 = 1500$$

$$6x + 24 = 4x + 80$$

一次方程式を解くのがいちばんかんたんだから最初に学ぶだけで、みなさんが現実的に数学を使う場合には、ある問題があり、それを式にしたら **「結果的に一次方程式になった」という感覚を大切にするといい**でしょう。先ほどいきなり高校数学の話から始めた通り、現実にはかんたんな問題から順に出会うとは限らないからです。

3歩目

「一次方程式」は「天秤の気持ち」で解く

中学1年生

釣り合っていればいじってもいい

「2 歩目」までは方程式をつくる話が中心でしたが、ようやく解くための「武器」の話にたどり着きました！　今回はどんな一次方程式でも解けるようになりましょう。「武器」とは基礎の話でしたが、その“気持ち”や使い方をお話しします。

問題

①$50x=1000$　　②$6x+24=4x+80$

これらは「2 歩目」で取り上げた問題です。

①は「50 に何をかければ 1000 になるか」という式ですが、両辺を 50 で割ると、**「わからない数 x」**をズバリ表す**「x = 1000 ÷ 50」**という式になり、**「x = 20」**と解けます。

どういうことかというと、**x の「何倍か」にあたる、50x の「50」の部分を「係数（けいすう）」**といいますが、これを 50 で割って 1 にしたわけです。**「50 ÷ 50 = 1」**ですからね。すると**「x =」**の形になるんです。

これはこれでいいんですが、この方法を②で使おうとしても式の形が違うので無理ですよね。

ではどうするか。私は母親に教わった「天秤の気持ち」を心に刻んでいます。すなわち、②を図にするとこうなります。

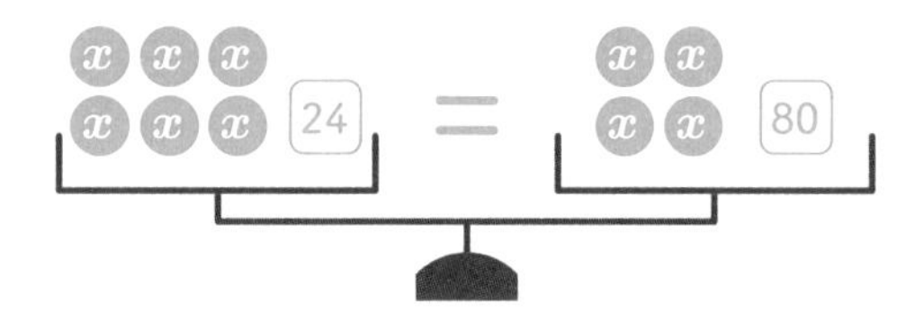

「＝（イコール）」は、これを挟む左右（両辺）が同じですよ、という記号です。これを天秤として見ると、**「天秤の左右はつねに釣り合っていなければならない」という“気持ち”**が必要ですね。そして、**それさえ守っていれば「いじっても大丈夫」**とも言えるんです。

なので、左右から同じ量を取り除くことができます。手始めに左右から同じ量、４つの x を取っても天秤は釣り合ったままです。

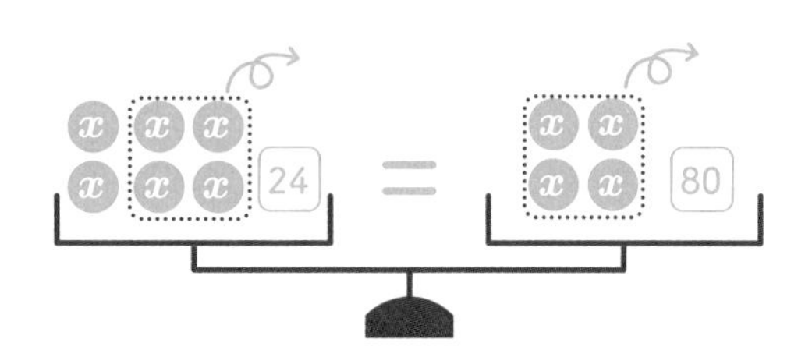

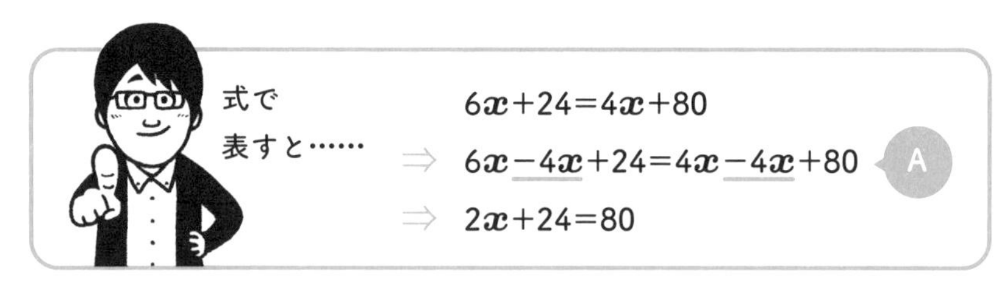

なお、すでに学校で「移項（いこう）」を学んでいる人は、「右辺の**『4x』**を左辺に移項すると**『－4x』**になる」と教わる場合もあると思います。これは上の式Ａの、０になる**「4x － 4x」**を省略すると、あたかも右辺にあった**「4x」**が**「－4x」**になって左辺に移動して見えるんですが、正しく書くとＡのようになるわけです。

この天秤の話は結局どこをめざしているかというと、一方の天秤に x が残り、もう一方に定数を残すことです。**「わからない数 x」**と釣り合う数こそ、その正体を意味するからですね。

そこをめざすと、まだいけますよね？　そう、両辺から同じ量の 24 を取り除けます。すると**「$2x = 56$」**となります。これで問題①と同じ形になりました。

天秤で考えると、左右を半分にすれば、釣り合ったまま x を求めることができます。

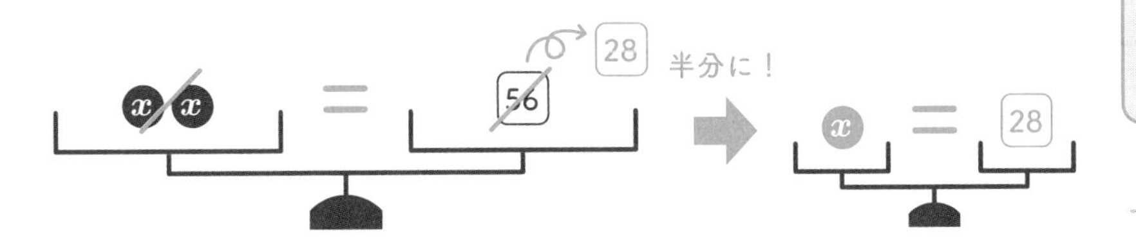

「$x = 28$」となりましたが、これが正解かどうかは元(もと)の式に当てはめてみるとわかります。**「$6 \times 28 + 24 = 4 \times 28 + 80$」**となり、両辺ともに 192 なので、式においても天秤は釣り合っていますね。

この問題の場合、よくあるミスは**「$2x + 24 = 80$」**のときに早く x にしたいあまり、ここで半分にして**「$x + 24 = 40$」**としてしまうことです。本来は 24 も半分にしなければ、天秤は釣り合いません。

以上で一次方程式は、完全制覇です。

これで問題を定式化して一次方程式になったら、もう「あなたの勝ち！」と言えます。

一次方程式は天秤が釣り合っていればいじってもいい。なので、足し算、引き算、かけ算、割り算のすべてが行えます。

余談(よだん)ですが、今から小学校の算数の文章問題をやってみると、5～6割くらいは一次方程式で解けることに気づくはずです。

小学校では x を使わずに□などの記号を使ったり、べつの考え方で解いたりしていましたが、**「武器」を手に入れれば１つの問題に対してできること、“引き出し”が増えます**。つまり、いろいろな解き方ができるようになるんですね。数を手に入れて、できることが増えたように。

一次方程式が絶対に解ける“特効薬”

ここまでを理解していれば暗記する必要はありませんが、以下は一次方程式が絶対に解ける“特効薬（とっこうやく）”です。これは**特定の場合に使う公式や定理ではなく、一次方程式を機械的に解く手法の話なので、あえて“特効薬”という、べつの表現を使いました**。

なお、プログラミングをやったことのある人であればわかると思いますが、**“特効薬”は「アルゴリズム」と言い換えることもできます**。これは、コンピュータが一定の手法で計算するためのものです。

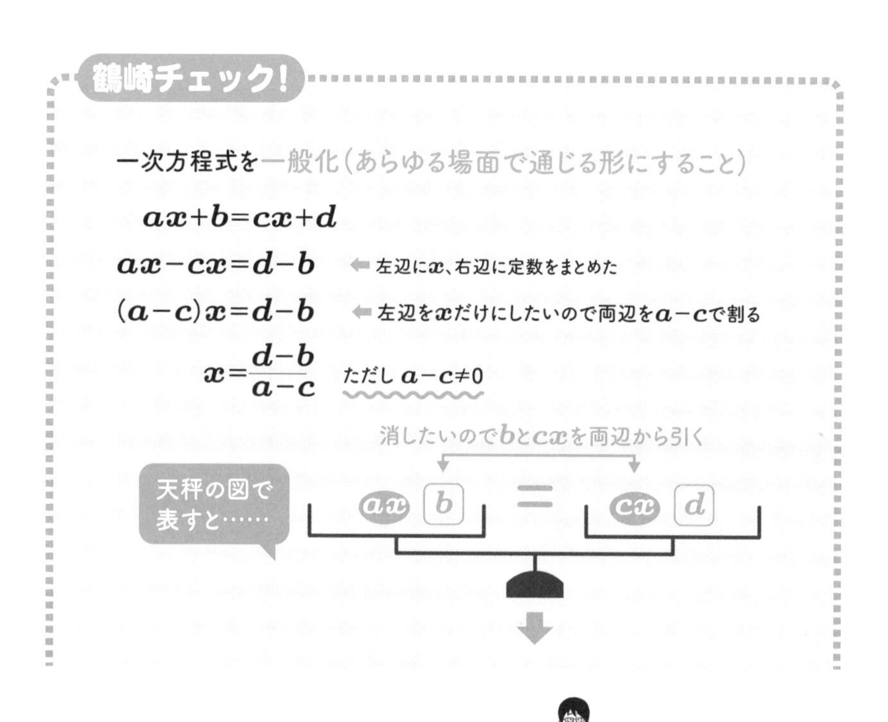

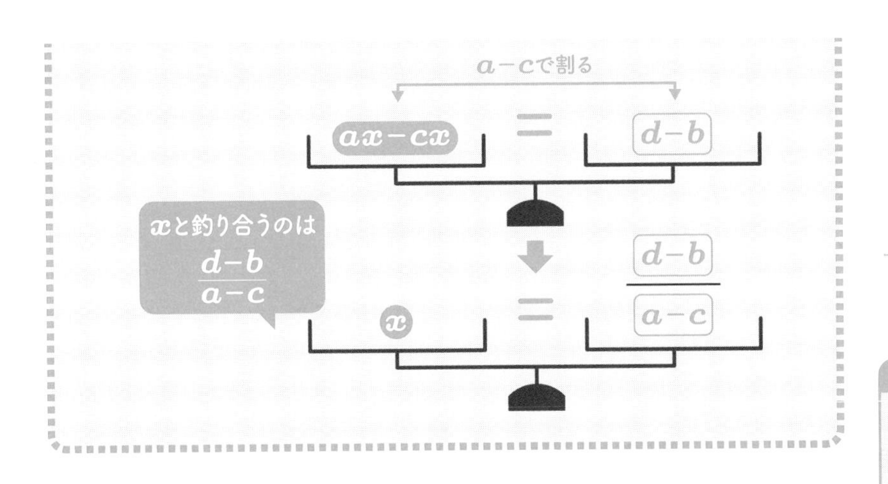

注意点としては、「$a-c$」が0ではないこと。0だとxがなくなってしまいますからね。

試しに問題②「$6x+24=4x+80$」を当てはめてみましょう。

この場合は$a=6$、$b=24$、$c=4$、$d=80$なので……

$x=\dfrac{d-b}{a-c}$に当てはめると

$x=\dfrac{80-24}{6-4}$ ⬅引き算する

$=\dfrac{56}{2}$ ⬅約分する

$=28$

正解と一致しました。

「問題①だとbとcがない?」と思われるかもしれませんが、その通り「ない」ので、0を当てはめてみましょう。そうすると単純に「$\dfrac{1000}{50}=20$」となります。

4歩目

方程式は1つとは限らない。「連立一次方程式」の発見

小学生～中学2年生

「鶴亀算」に方程式の拡張を見る

63ページで、「鶴亀算」は「解き方はいろいろあるので、それを考えるのはおもしろい」と言いました。このことについて具体的に考えてみます。

問題

鶴と亀が合わせて5匹います。足の数は全部で12本。鶴と亀はそれぞれ何匹いるでしょうか。

こんな問題でしたが、小学生の「武器」で解くと、こうなります。

「5匹がすべて鶴だった場合の足の数は?」➡「鶴の足は2本なので10本だな」➡「亀の足は4本なので、5匹のうち亀が1匹増えるごとに全体の足の数は2本ずつ増えていくぞ」➡「問題では、足の数は全部で12本だから、亀が1匹いればそうなる!」

力技ともいえるやり方ですが、これはこれで「すべて○○だったら」という極端な場合から考える賢(かしこ)い方法です。

中学1年生の「武器」だと、こう考えることができます。

「鶴の数がわからないからxとしよう」➡「全部で5匹だから、鶴がx匹なら、亀は$(5-x)$匹だな」➡「足の数に着目すると足が2本の鶴がx匹、4本の亀が$(5-x)$匹だから、『$2x+4(5-x)=12$』と言える」

「$2x + 4(5 - x) = 12$」は一次方程式なので、もう解けますね。この考え方は、「わからない数」をほぼ自動的に x とするので、小学生の解き方よりも汎用性（はんようせい）が高い、つまりほかの問題にも使いやすい「武器」といえます。

ただ、鶴だけでなく亀も「わからない数」ですが、これを $(5 - x)$ 匹としたところに、ひと工夫が必要な考え方です。本来は亀もべつの文字を使って置き換えるのがスジ。すると、こうなります。

鶴崎チェック！

$$\begin{cases} x(\text{匹}) + y(\text{匹}) = 5(\text{匹}) & \Leftarrow \text{個体数に着目して定式化} \\ 2x(\text{本}) + 4y(\text{本}) = 12\text{本} & \Leftarrow \text{足の数に着目して定式化} \end{cases}$$

亀も「わからない数」なので、素直に y としただけです。

このようにいくつかの方程式が並んだもののことを「連立方程式（れんりつほうていしき）」といいます。そして、問題をこのように定式化してみると、わからない数 x と y について、その何倍かしただけです。66 ページでお話しした通り「一次方程式は、わからない数 x の何倍かと定数」なので、この方程式は「連立一次方程式」です。さらに言えば、わからない数が 2 つだと「2 元（げん）連立一次方程式」、3 つだと「3 元連立一次方程式」といいます。

話を戻すと、連立方程式は明らかに一次方程式のときの方法では解けませんよね？「3 歩目」の“特効薬”が使えません。無邪気にわからない数を文字にしたら、式はできちゃったけれど、これまでのやり方では解けそうにない。ならば新しい「武器」を得なければなりません。

それは次回お話ししますが、今回のまとめとして憶えておいてほしいのは、**「わからない数が n 個あったら、n 本の式をつくればだいたい解ける」**ということです。

5歩目

「1個だったらなぁ」という願望を叶える「代入法」

中学2年生

めざせ！ 一次方程式

さて、鶴亀算の連立一次方程式の答えはすでに出ているので、べつの問題を考えてみましょう。

問題

「3人前だから……そうね、4000円渡すから好きなお寿司30貫買ってきて」と頼まれたあなた。
お寿司屋さんでは、えび、いかなどの安い80円のネタと、中トロやうになどの高めの200円のネタがありました。
4000円を使い切るには、それぞれいくつ買えばいい？

実際のお寿司屋さんはもっと細かい値段設定ですが、鶴亀算よりは現実離れしていないと思うので、ご容赦（ようしゃ）ください（笑）！

少し考えると、これも鶴亀算と同じだと気づくはずです。「わからない数」は、80円と200円の寿司の個数なので、それぞれ x 貫、y 貫と考えます。

$$\begin{cases} x(\text{貫})+y(\text{貫})=30(\text{貫}) & \Leftarrow \text{①個数に着目} \\ 80x(\text{円})+200y(\text{円})=4000\text{円} & \Leftarrow \text{②値段に着目} \end{cases}$$

定式化するとこうなります。ここで72ページの“中1解法”を思い出してください。あのときは亀を $(5-x)$ 匹としましたが、同じように200円寿司の個数 y を $(30-x)$ 貫と考えると、「$y=30-x$」といえます。そし

て、①の両辺から x を引くとそうなりますよね。

じゃあ「$y = 30 - x$」と言えちゃっているので、これを②の y に入れてしまいましょう。これを「代入（だいにゅう）」といいます。

$$80x + 200(30 - x) = 4000$$

見事に、すでにみなさんが解ける一次方程式の形になりました。

この新しい「武器」を「代入法」といいますが、わからない数の1つ y を x で表したこと、それによって y を消したことは、地味ですがとてもすごい発見なんですね。

鶴崎チェック！

2元連立一次方程式のいちばんの問題点は、「わからない数」が2個もあることだったけれど、「1個なら解けるのになぁ」という“気持ち”に、代入法は応えてくれた！

ちょっと大げさですが（笑）、私が代入法を初めて知ったときの感動です。こんなふうに**先人（せんじん）の発見した「武器」に感情移入しようと思えば、積極的に数学を楽しめる**ようになりますよ。

また、代入法のように**「できないこと（連立方程式）を、できること（一次方程式）に置き換える」考え方**は、今後もよく使います。

では、計算の続きに戻って解いてみましょう。

$$80x + 200(30 - x) = 4000$$

$\Rightarrow 80x + 6000 - 200x = 4000$ ← 分配法則を使った

$\Rightarrow 80x - 200x = 4000 - 6000$ ← 両辺を整理した

$$\Rightarrow -120x=-2000$$ ⇐両辺を−120で割る

$$x=\frac{2000}{120}=\frac{50}{3}=16.66666\cdots\cdots$$

x は 80 円の寿司でしたが、無限小数で個数は表せないので、そこは**現実の問題として捉え直す必要**があります。つまり、数えられる数にする必要があるので、近い自然数の 16 貫か 17 貫が答えです。

全部で 30 貫買うので、200 円寿司は 14 貫か 13 貫ということになりますが、検証すると、「80 円寿司 16 貫と 200 円寿司 14 貫」の場合は、合計 4000 円を超えてしまうので買えません。

一方、「80 円寿司 17 貫と 200 円寿司 13 貫の場合」は合計 3960 円で、4000 円以内に収まり、しっかり使い切っているので、こちらの買い方が正解となります。

この問題は、①を「$x=30-y$」として②に代入してももちろん解けるし、②から x や y を導いて①に代入することでも解けます。参考までに、②の式から x を導いてみましょう。

$$80x+200y=4000$$

$$\Rightarrow 80x=4000-200y$$ ⇐「$x=$」の形にした

$$x=\frac{4000}{80}-\frac{200}{80}y$$ ⇐両辺を80で割った

これを①に代入すると……

$$\frac{4000}{80}-\frac{200}{80}y+y=30$$ ⇐一次方程式になった！

明らかに複雑な計算なのでこれ以上はやりませんが、必ず同じ答えになります。ぜひ、チャレンジしてみてください。

連立一次方程式が絶対に解ける“特効薬”

では、一次方程式と同じように、連立一次方程式が絶対に解ける“特効薬”を考えてみましょう。文字が多くてクラクラするかもしれませんが（笑）、冷静によく見て式を追えば、必ず理解できます。

鶴崎チェック！

連立一次方程式を一般化すると……

$$\begin{cases} ax+by=e & \text{——①} \\ cx+dy=f & \text{——②} \end{cases}$$

$ax=e-by$ ←①からxを求める

$x=\dfrac{e-by}{a}$ ただし$a\neq0$ ←両辺をaで割った

これを②に代入すると……

$$c\frac{e-by}{a}+dy=f$$

$\Rightarrow$ $c(e-by)+ady=af$ ←両辺にaをかけた

$\Rightarrow$ $ce-bcy+ady=af$ ←分配法則を使った

$\Rightarrow$ $(ad-bc)y=af-ce$ ←求めたいyを整理した

$y=\dfrac{af-ce}{ad-bc}$ ただし$ad-bc\neq0$ ←両辺を$ad-bc$で割った

これは、連立一次方程式が出てきたら絶対に解ける「代入法」の手法を表現したものです。ただし、「a」と「$ad-bc$」が０でないかどうか注意が必要です。

試しに、さっきの寿司の問題を当てはめてみましょう。

この場合はa=1、b=1、c=80、d=200、e=30、f=4000なので……

$$y=\frac{af-ce}{ad-bc}$$ に代入すると

$$y=\frac{1\times4000-80\times30}{1\times200-1\times80}$$

$$=\frac{4000-2400}{200-80}$$ ⬅引き算する

$$=\frac{1600}{120}$$ ⬅割り算する

$=13.3333$……

yとは200円寿司の個数でしたが、14貫か13貫買えることがわかります。正解は13貫でしたね。

これで問題を定式化して連立一次方程式になれば、あなたは戦える、そして必ず勝てる「武器」を備えたことになります。

6歩目

「係数が同じだったらいいのに」を叶える「加減法」

中学2年生

「引いても1つ消せる」という考え方

「5歩目」で連立一次方程式を攻略しましたが、私が好きなゲームの世界では、「1回クリアしただけで満足か」という、やり込み要素のある作品があります（笑）。ようは「もう1回べつのルートでクリアしようぜ」ということですが、**連立一次方程式においてはべつの考え方、解き方もあります**。属性の異なるもう1本の「武器」です。

代入法は「わからない数が1つになればいいな」という“気持ち”がきっかけでしたが、今度は**「わからない数の係数が同じだったらいいな」という“気持ち”**です。

具体的に見てみましょう。

次の2つの式を、それぞれ天秤で表すとこうなります。

$$\begin{cases} 2x+4y=30 \\ 2x+y=24 \end{cases}$$

この場合、左の天秤から右の天秤を丸ごと取り除いても釣り合うことはわかるでしょうか？　取り除くとこうなります。

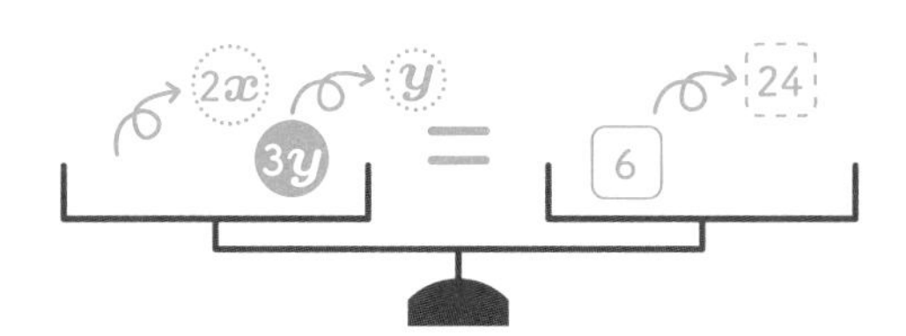

この天秤の図を式で表すと、右のようになります。

$$\begin{array}{rr} & 2x+4y=30 \\ -) & 2x+\ \ y=24 \\ \hline & 3y=6 \end{array}$$

「$3y=6$」が残ったので、両辺を3で割ると**「$y=2$」**です。上の式に代入してみると**「$2x+8=30$」**という一次方程式になり、**「$x=11$」**と解けます。

では、「5歩目」のお寿司屋さんの問題でもやってみましょう。

$$\begin{cases} x+y=30 & \text{――①} \\ 80x+200y=4000 & \text{――②} \end{cases}$$

「xの係数が揃っていればいいな」という“気持ち”

$80x+80y=2400$ ――①′ ⇐①の両辺を80倍した

係数が揃ったので、①′から②を引く

$$\begin{array}{rr} & 80x+\ \ 80y=2400 \\ -) & 80x+200y=4000 \\ \hline & -120y=-1600 \end{array}$$

⇐両辺を－120で割る

$$y=\frac{1600}{120}=\frac{40}{3}=13.3333\cdots\cdots$$

yは200円寿司のことでしたが、これが14貫か13貫かという答えになったので、一致しましたね。

連立一次方程式が絶対に解ける“特効薬”その②

では、代入法と同じように、文字式で表現してみましょう。

鶴崎チェック！

連立一次方程式を一般化すると……

$$\begin{cases} ax+by=e & \text{——①} \\ cx+dy=f & \text{——②} \end{cases}$$

aに$\dfrac{c}{a}$をかけると必ずcになるので、①に$\dfrac{c}{a}$をかける。ただし$a \neq 0$

$$\frac{c}{a}(ax+by)=\frac{c}{a}e$$

$$\Rightarrow\ cx+\frac{bc}{a}y=\frac{ce}{a}\ \text{——①}'$$ ← 分配法則を使った

xの係数が揃ったので①′から②を引く

$$\begin{array}{rl} & cx+\dfrac{bc}{a}y=\dfrac{ce}{a} \\ -) & cx+\ \ dy=f \\ \hline & \left(\dfrac{bc}{a}-d\right)y=\dfrac{ce}{a}-f \end{array}$$ ← 1次方程式になった！

$$(bc-ad)y=ce-af$$ ← 両辺にaをかけた

$$y=\frac{ce-af}{bc-ad}$$ ただし$bc-ad \neq 0$ ← 両辺を$bc-ad$で割った

77ページの結果とは異なっているように見えますが、実際に代入してみると$\dfrac{-1600}{-120}$となり、これはマイナス同士（どうし）の割り算なので、計算の答えは同様に13.3333……です。

この方法は「加減法（かげんほう）」といって、やはり連立一次方程式が100％解ける「武器」であり、“特効薬”なんです。

すでに学校で連立一次方程式を学んでいる人は、おそらく「代入法」「加減法」の両方を教わっているはずですが、代入法のほうがとっつきやすいと感じるのではないでしょうか。考え方としては、鶴亀算の延長なので。

もちろん、それで解けるのでかまわないのですが、私は加減法を選択します。なぜなら、**加減法の考え方はこの先の数学の世界で大きな使い道がある**んですね。具体的には、高校数学の「行列（ぎょうれつ）」で使う考え方が含まれているので、両方の「武器」を忘れずに磨いておくといいと思います。

解けないパターンに潜むミス

73ページで、「わからない数が n 個あったら、n 本の式をつくれればだいたい解ける」と、お話ししました。

問題

$$①\begin{cases} x+y=4 \\ 2x+2y=8 \end{cases} \qquad ②\begin{cases} 2x+2y=16 \\ 2x+2y=8 \end{cases}$$

では、これらは「わからない数」が２つに対して、方程式も２つありますが解けるでしょうか？　結論としては、両方とも解けません。

問題①は、よく見ると下の式は上の式を２倍しただけなので同じ式です。ようするに、この連立一次方程式では「$x+y=4$」でありさえすれば、「$x=-100$、$y=104$」でも「$x=\frac{3}{2}$、$y=\frac{5}{2}$」でも、なんでも成り立ってしまいます。

問題②も「$16\neq8$」なのは当然なので、これはどんな x でも、y でも成り立ちません。

これが「だいたい解ける」と言った理由で、「そりゃそうでしょ」という感想も聞かれそうですが、問題①の間違いは意外と見かけます。定式化してみたら、「同じ式だな？」というパターン。

これは２つの着眼点で定式化せずに、**知らず知らず同じ視点で同じ式をつくってしまっている**ことが多くの原因です。

7歩目

強敵「二次方程式」を攻略せよ！

中学3年生

「二次方程式」が現れた

初めて東京ドームに行ったあなた。
今いるところの反対側にある入り口まで歩きながら
「思っていたよりも大きいな、遠いなぁ」と思いました。
そこでふと「東京ドームの大きさってどのくらいなんだろう？」
と考えました。

東京ドームは、実際には凹凸（おうとつ）があるので円ではありませんが、正確性を求められているわけではないので、ほぼ円形と考えましょう。

そして、東京ドームの大きさについては、「東京ドーム何個分」とよく比較されるように、面積であればインターネットで調べればすぐにわかります。46755 m^2 です。

ただ、それでは問題にならないので趣向（しゅこう）を変えて、大きさを直径で感じてみましょう。直径は、おそらく調べてもすぐにはわかりません。

ほぼ円形と考えた東京ドームの面積は 46755 m^2 と調べられましたが、**円の面積の求め方は、小学生で「半径×半径×円周率」、中学生で「πr^2（rは半径）」という公式**を教わります（公式の“気持ち”は<図形の道>でお話しします）。そこで、この半径と面積の関係から、東京ドームの直径を知るために定式化することを考えましょう。

東京ドームの直径を**「わからない数 x（m）」**とします。半径とは直径の

半分なので、東京ドームの半径は「$\frac{1}{2}x$ (m)」ですね。中学生の公式を使うとこうなります。

$$\pi\left(\frac{1}{2}x\right)^2=46755 \quad \xrightarrow{\text{整理すると}} \quad \frac{\pi}{4}x^2=46755$$

いっけん一次方程式のような形になりましたが、よく見ると x を２回かけている。つまり、２乗（平方根）の形になっています。

この「わからない数」を２回かけている方程式を「二次方程式」といいます。これが中学までに学ぶ、ラスボス的な方程式です。強敵なので少しだけ厄介ですが、**<数の道>で平方根を自分のものにしているみなさんであれば、二次方程式の話も読み通せる力はあります。**

正確には平方根を使った計算も要求されるのでコラムで少し補足しますが、計算力はぜひ練習で補(おぎな)ってくださいね。

さて、新しい方程式がつくれてしまったら……もう言いたいことはわかるでしょう。解き方の「武器」を手に入れるしかない。

「$\frac{\pi}{4}x^2 = 46755$」に一次方程式、連立一次方程式の“特効薬”は使えません。では、計算を再開しましょう。

左辺を x だけにするために、両辺に $\frac{4}{\pi}$ をかける

$$x^2=\frac{46755\times4}{\pi}$$

$$x=\pm\sqrt{\frac{46755\times4}{\pi}}$$

← 52ページで学んだ通り、このように表すことができる

長さにマイナスはないので、答えとしての東京ドームの直径は、だいたい「$\sqrt{\dfrac{46755\times4}{\pi}}$(m)」となります。

ただ、これではよくわからないので、円周率 π を3として、より具体的な値を求めてみましょう。

$$\sqrt{\frac{46755\times④}{3}}$$ ⬅分子にある$\sqrt{4}$は2なので、ルートの外に出せる

$$=2\times\sqrt{\frac{46755}{3}}$$ ⬅ルートを有理化(ゆうりか)(※2)すると

$$=\frac{2}{3}\times\sqrt{46755\times3}$$ ⬅ルート内のかけ算をする

$$=\frac{2}{3}\times\sqrt{140265}$$

※2 86ページ参照

$\sqrt{140265}$ がどんな数を2回かけたものなのか、という点は自力で見つけるしかないので、単純にこの問題の面倒なところですが、たとえば **「370 × 370 = 136900」** なので近いな、などとやっていくと(許されるなら計算機でも可)、だいたい374.5となります。これの$\frac{2}{3}$が答えなので **「$\frac{2}{3}$ × 374.5」** を計算すると、最終的に東京ドームの直径は、約250mと導くことができます。

私としては思っていたよりも大きくはなかったですが、問題ではドームの周囲を歩いているので、「遠いなぁ」と感じるかもしれませんね。

初歩的な有理化

そもそも「有理化とは何か」ということですが、無理数である平方根の数を有理数にすることです。とくに分数の分母にある平方根を有理数にする場合をいいます。

85 ページで$\sqrt{\frac{46755}{3}}$という数が出てきましたが、これは$\frac{\sqrt{46755}}{\sqrt{3}}$の$\sqrt{\ }$を 2 回書くのは面倒なので大きく 1 つに括ったものであり、同じ値です。よって、分母に$\sqrt{3}$という平方根があるので、これを有理化して分母から$\sqrt{\ }$を消したい。

大前提として、なぜ分母に$\sqrt{\ }$があるとイヤなのかというと、シンプルに計算がやりにくいからです。計算するときに無理数の **「$\sqrt{3}$ = 1.732……」** で割るよりも、3 で割るほうがかんたんですよね。

では、もっとも初歩的な有理化をやってみましょう。

分母の平方根を有理数にしたいので、じつは方法は単純で、分母の$\sqrt{3}$を分母と分子の両方にかけてあげればいいだけです。すると、$\frac{\sqrt{46755} \times \sqrt{3}}{\sqrt{3} \times \sqrt{3}}$となります。

分母を見てみましょう。$\sqrt{3}$を 2 回かけているので、分母は 3 になりますね。よって、「$\sqrt{\frac{46755}{3}} = \frac{\sqrt{46755} \times \sqrt{3}}{3}$」と有理化できました。このように、分母と同じ数を分子にもかけてあげれば有理化できます。

ただし、たとえば$\frac{\sqrt{3}}{\sqrt{15-7}}$とか、$\frac{\sqrt{3}+\sqrt{7}}{\sqrt{3}-\sqrt{7}}$を有理化したいときはどうするかといった、より高度な基礎問題もあります。こういう問題もできる必要はありますが、基礎の練習はこの本では行わないので、教科書や参考書、ドリルなども使って上達をめざしてください。

二次方程式が絶対に解ける“特効薬”？

さっきの二次方程式の話を一般化すると、こうなります。

鶴崎チェック！

$ax^2=b$　ただし$a\neq0$

$x^2=\frac{b}{a}$　← 両辺をaで割った

$x=\pm\sqrt{\frac{b}{a}}$

では、次の問題を考えてみましょう。

問題

あなたのおうちは農家だとします。縦40m、横60mの畑がありますが、
広いので2本のあぜ道をつくろうと考えています。
しかし、あぜ道が広すぎると収穫が減ってしまうので、
収入のために畑は2350m^2残したいと考えています。
あぜ道の幅（はば）は、何mまで許容できるでしょうか。

まず現在の農地の面積はわかりますね。50ページでも触（ふ）れた通り、長方形の面積は「縦の長さ×横の長さ」で求められるので、「40 × 60 = 2400 (m^2)」です。

「わからない数」はあぜ道の幅なので、これを「x (m)」としましょう。

図にしてみるとこうなります。

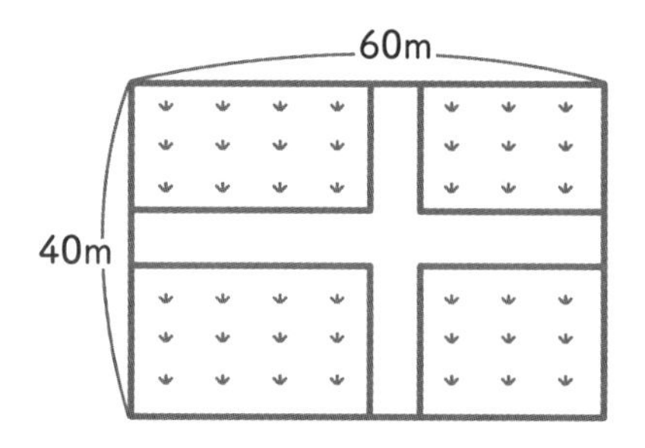

あぜ道をつくる目的は中央付近の畑に足を伸ばしやすくするためで、2本であれば普通はこのようにつくりますよね？　私でもそうします。

ただし、あぜ道はどこにあっても残りの畑の面積は変わりません。だったら端(はし)に寄せてみましょう。

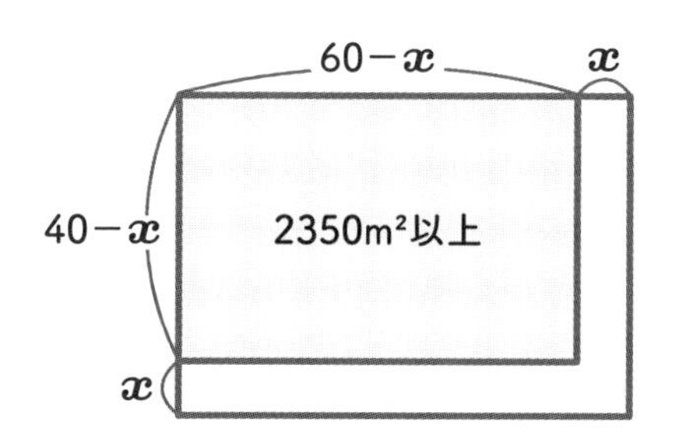

すると、このように x m のあぜ道をつくる場合に、縦は（40 − x）m、横は（60 − x）m と表すことができます。そしてこれをかけ算すると、あぜ道を除いた場合の畑の面積が求められますね。この面積が 2350 m^2 であれば、収入的にギリギリ許せるという問題です。

「あぜ道は斜めにつくってもいいんですか？」という疑問もあるかと思いますが、もちろんかまいません。ただし、結果は一緒です。

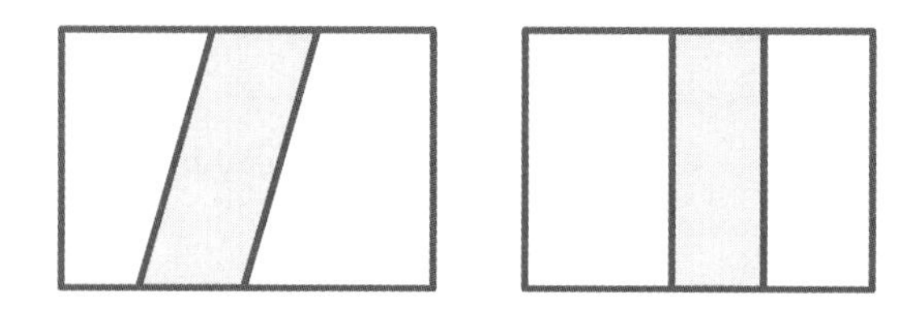

左右の色のついた部分は、あぜ道の幅が同じであれば面積は一緒です。左の図のあぜ道だけを取り出して考えると、こうなります。

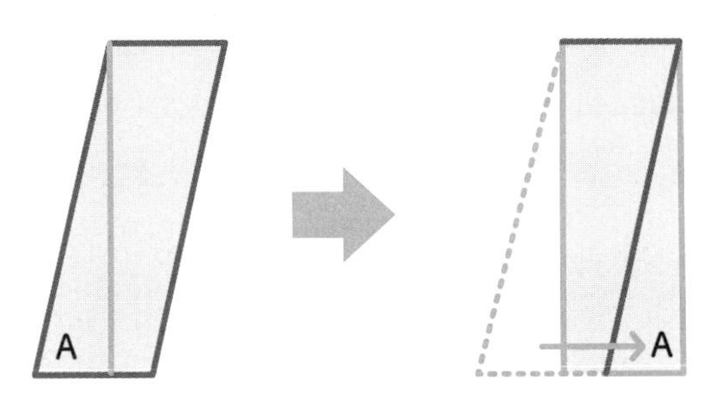

このように線を引いて、A の部分を移動させると長方形と同じになります。なので、**幅が一緒であれば、あぜ道はまっすぐだろうが傾いていようが同じ面積**なんですね。よって、このように定式化して OK です。

$$(40-x)\times(60-x)=2350$$

この式を解くためには、「展開」という計算のルールが必要なので、まだ学校で教わっていない人は、90 ページのコラムでかんたんに解説しますので、あとで読んでみてください。

44 ページで触れた、分配法則を 2 回使うイメージです。

$$(40-x)\times(60-x)=2350$$

かける

$$\Rightarrow 60(40-x)-(40-x)x=2350$$

$$\Rightarrow 2400-60x-40x+x^2=2350$$ ⬅ 分配法則を使った

$$\Rightarrow x^2-100x=-50$$ ⬅ 式を整理した

x^2 があるので、これも二次方程式ですが、最初にやった「$ax^2=b$」

の形ではないですよね？ **「$-100x$」**という邪魔なものがあります。

ということは、さっき一般化した**二次方程式の答えが「$x=\pm\sqrt{\frac{b}{a}}$」になるという話は早くも壁にぶつかったので、万能な手法とはいえない。これは“特効薬”ではない**んですね。よって、みなさんはまだ「二次方程式が絶対に解ける！」というレベルには至（いた）っていないわけです。

新しい二次方程式の形が真の姿

「$x^2-100x=-50$」の解き方、新しい「武器」の話は次回以降に譲りますが、じつは**東京ドームの話から導いた方程式よりは、あぜ道の話の方程式のほうが、一般的な二次方程式**なんですね。つまり、よく使う場面が多いのは**「$x^2-100x=-50$」**、この形のほうです。

どういう場合かというと、高校では理科の科目の１つとして「物理」があります。たとえば、あなたが野球のボールを投げて地面に着地するまでの軌道を「放物線（ほうぶつせん）」といいますが、数式ではこれを**「$y=ax^2+bx+c$」**という形で表せます。これは、二次方程式のようです。

放物線の軌道というのは至るところにあって、宇宙開発で「ロケットをどういう軌道で飛ばすか」や、軍事用のミサイルもそうですし、あとは「スプリンクラーでどの範囲まで水が撒（ま）けるか」というのも放物線ですね。ようするに、日常生活で二次方程式が使われる場面は、とてもたくさんあるんです。

展開の考え方

89ページで行った計算では、最初に**「$(40-x)\times(60-x)=2350$」**だったものが、展開すると**「$x^2-100x=-50$」**になりました。この２つの式を見比べてみると、もともと「かけ算の式だったものが、足し算の式になった」と見ることができます。

この場合は**「$-100x$」**となっているので少々わかりにくいですが、これは**「$x^2+(-100x)=-50$」**とも書けるので、本質的に展開とは、かけ算を足し算にすることです。

すでに学校などで展開を学んだ人は、公式を憶えたりもしていると思います。公式を憶えていると、展開に慣れるのが早くなると思うので不要とまでは言いませんが、憶えていなくても計算のうえで致命的な時間の無駄はないと思います。

展開の方法は、一方を１つの数として地道に計算を重ねていくだけです。**$(ax+b)(cx+d)$** という一般化した式で考えてみましょう。

$$(ax+b)(cx+d)$$
$$=(ax+b)cx+(ax+b)d \quad \Leftarrow (ax+b)\text{を1つの数と考える}$$
$$=acx^2+bcx+adx+bd \quad \Leftarrow \text{分配法則を使った}$$
$$=acx^2+(ad+bc)x+bd \quad \Leftarrow \text{わからない数}x\text{でまとめた}$$

このように、展開してかけ算の式が足し算の式になりました。

少しだけ先取りをすると、「8歩目」で出てくる「因数分解（いんすうぶんかい）」の話がありますが、これは展開の逆をやることです。ちょうどかけ算と割り算の関係性に似ています。

二次方程式を解くうえでは非常によく使う計算なので、たくさん練習して、いつでも正確にできるようになっておきましょう。練習する価値は高いです。

8歩目

万能ではないが強い「因数分解」を試すべき

中学3年生

足し算をかけ算にできたら嬉しい

「7歩目」の宿題、「$x^2 - 100x = -50$」をどうやって解くのか。

まず、次の問題を順番に考えみましょう。

問題

①$x^2 = 7$　②$x^2 + 2x = 0$　③$x^2 + 2x - 8 = 0$

①はすでに解けますね。「$ax^2 = b$」の形なので、答えは$\pm\sqrt{7}$です。

②はどうでしょう。少しだけ手を動かしてみると、「$x = 0$」だったらこの式は成り立ちませんか？　0を2回かけても、2をかけても0なので、どうやっても答えは0です。

では、数学っぽく考えて、両辺をxで割るとどうでしょう。xが0でなければ、xで割ることができます。すると、左辺の$\frac{x^2+2x}{x}$は$x + 2$になるので、「$x + 2 = 0$」となる。これは一次方程式ですよね。-2が当てはまります。よって、②の正解は「$x = 0$、-2」の2つです。

そして②は、「$x(x + 2) = 0$」という形にも書き表せることはわかるでしょうか。この式を展開すると②の問題になりますが、ようするに展開の逆をやったんです。これを「因数分解」といいます。

91ページでもお伝えしましたが、**展開はかけ算の式を足し算にすることです**。その逆なので、**因数分解は足し算の式をかけ算にすること**。「$a \times b = 0$」の場合、aかbは必ず0です。「$x(x + 2) = 0$」もかけ算なので、「xか$x + 2$が必ず0になる」と言えるわけです。

因数分解の"気持ち"は、こうです。

鶴崎チェック！

足し算の式をかけ算に変形できたら嬉しいなぁ

$$ax^2+bx+c=0$$

$\Rightarrow$ $(px+q)(rx+s)=0$ 「こうなったら嬉しいなぁ」

そこで、③の問題を考えてみましょう。

$x^2+2x-8=0$ ⇐ 因数分解を使う

$\Rightarrow$ $(x+4)(x-2)=0$ ⇐ つまり「$x+4=0$」か「$x-2=0$」

$x=-4$、2

因数分解を使ったときに、頭の中でやったことは、こうです。

鶴崎チェック！

$x^2+\underline{2}x\underline{-8}=0$

この式が$(x+○)(x+□)=0$の形になるには
次の条件に当てはまる必要がある

$$\begin{cases} ○+□=2 \\ ○\times□=-8 \end{cases}$$

⇐ 4と−2であれば○と□に当てはまる！

このように、**「$ax^2=b$」**ではない形の二次方程式が解けました。

「確かに解けましたが、なんかスッキリしません。因数分解自体が頭を使うし、これで二次方程式が全部解ける気もしないんですが……」

こんなもやっとした感想をもったとしたら、その通りです（笑）。たとえば

③の問題の 8 を 7 に変えてみましょう。

$x^2+2x-7=0$

因数分解するために、次の条件に当てはまる数を考える

$$\begin{cases} \bigcirc+\square=2 \\ \bigcirc\times\square=-7 \end{cases}$$

③と違って「頭の中でできる話じゃないな」とか、「○と□は整数ではないな」と、思うはずです。確かに**因数分解を使って二次方程式を解くことは、決して万能ではありません。けれど、因数分解はある程度強力**です。具体的には暗算がしやすい。

ネタバレすると、「10 歩目」で二次方程式が絶対に解ける「解(かい)の公式」の話をします。これは“特効薬”ですが、計算が大変なんです。なので因数分解で解けるのであれば、時間の節約になります。先ほどの③の問題のように**「答えが小さい整数」だと想像できれば、強い「武器」**なんです。

そもそも**現実的な問題を方程式で解決する場合には、答えは整数になることも多い**です。したがって因数分解は試す価値がある。私も二次方程式に出会ったら、戦略的にはまず因数分解を試します。ダメそうだったら仕方なく解の公式を使います（笑）。

なお、「小さい整数かな?」という見通しは、式を見て「因数分解できそうかな?」と考えることですが、これには慣れしかありません。**展開と因数分解の練習を重ねれば、だんだんコツがつかめます。**

コンピュータは計算が早いので、二次方程式の計算をさせようと思ったら解の公式だけ使っていれば問題ありません。でも、人間が計算するんだったら因数分解も使いたいわけですね。

9歩目

中学3年生

因数分解の計算応用テクニック

ちょっと脇道に逸れますが、たとえ万能でなくても、因数分解が「使える!」と、感じてもらえる話をします。

問題

暗算で解いてみよう。　$39 \times 41 = ?$

どうでしょう?　因数分解をたくさん練習した私は1秒で解けます。この問題を因数分解で考えるのは、39を(40 − 1)、41を(40 + 1)と見ることです。すると、問題の式は「$(40-1)\times(40+1)=?$」となります。

$(40-1)\times(40+1)$　⬅展開する

$=40\times40+40\times1+(-1)\times40+(-1)\times1$

$=40^2+40-40-1^2$　⬅$40-40=0$

$=1600-1=1599$

「これだと1秒以上かかるよね?」という苦情もあると思いますが、展開したうえで改めて考えると、この式は結局「$40^2-1^2=?$」です。

つまり、一般化すると……　➡　$(a+b)(a-b)=a^2-b^2$

因数分解を勉強していくと、このような公式をいくつか身につけることになります。この公式を自分のものにしていると、1秒で解けるわけです。

「$72 \times 68 = ?$」も同じように解けます。「$(70 + 2)(70 - 2) = 70^2 - 2^2$」となり、難易度は少し上がりましたが、「$4900 - 4 = 4896$」です。

問題

暗算で解いてみよう。 ①$102 \times 102 = ?$ ②$53 \times 53 = ?$

これも考え方は一緒です。

$$
\begin{aligned}
& 102 \times 102 \\
&= (100+2)(100+2) \quad \Leftarrow \text{展開する} \\
&= 100^2 + \underline{100 \times 2 + 2 \times 100} + 2^2 \\
&= 100^2 + \underline{2 \times 2 \times 100} + 2^2 \quad \Leftarrow 2 \times 100 \text{が2つ} \\
&= 10404
\end{aligned}
$$

①も②も、次の公式を使いこなせれば1秒で解けます。

$$(a+b)^2 = a^2 + 2ab + b^2$$

したがって「$53 \times 53 = ?$」を暗算すると、「$(50 + 3)^2 = 50^2 + 2 \times 50 \times 3 + 3^2 = 2500 + 300 + 9 = 2809$」となります。1秒は言い過ぎですね(笑)。まあでも、暗算に慣れると5秒くらいで解けると思います。

あとは、こういう使い方もできます。「$123 \times 9 = ?$」だったら、9を($10 - 1$)と考えて、「$123(10 - 1) = 1230 - 123 = 1107$」。暗算は難しくても、普通にかけ算をやるよりは楽じゃないですか?

因数分解ではないですが、現実の問題では、こんな応用もできます。

問題

消費税が10% のとき、898 円の税込価格は？

898 円に 10%の消費税がかかるということは、1.1 倍ですね。

$898 \times 1.1 = ?$ ⬅「1.1＝1＋0.1」と考える

$\Rightarrow 898(1+0.1) = ?$ ⬅ 分配法則を使う

$\Rightarrow 898 + 89.8 = 987.8$ ⬅小数のかけ算より計算が楽に！

端数（はすう）を切り上げた場合、税込価格は 988 円です。

以上、**「因数分解は計算が早くなるから使えるよ」**という話でした。私の場合は、9、17、22、51 のような、10 の単位で**「±1～3」**くらいの数があったら“楽に計算できるかもセンサー”が反応しますね（笑）。

あと、11 ～ 19 の 2 乗の計算、**「11 × 11 = 121」「12 × 12 = 144」**……**「19 × 19 = 361」**はよく使うので、私は暗記しています。すると、**「$15 \times 19 = (17-2)(17+2) = 17^2 - 2^2 = 289 - 4 = 285$」**とか、さらに**「14 × 19 =?」**もすばやく暗算できます。

「14と19では中間の整数はない」➡「$(a+b)(a-b)$」の形が使えない」➡「でも、14と18の間なら16だ」➡「(16－2)(16＋2)に、減らした14×1回分の14を足して帳尻（ちょうじり）を合わせよう」➡「$14 \times 19 = (16-2)(16+2) + 14 = 16^2 - 2^2 + 14 = 266$」

そんなわけで今回の話は、きっとみなさん楽しめたはずの一発ネタでした。友達に披露（ひろう）して驚（おどろ）かせましょう！

10歩目 二次方程式編、完結「解の公式」を自分のものに

中学3年生

「解の公式」の“気持ち”を知る

いよいよ<方程式の道>で最強の二次方程式を完全攻略する話です。だいぶ引っ張りましたが（笑）、「7 歩目」で真の姿を現した**「$x^2 - 100x = -50$」**、あぜ道の幅の話に戻ります。

まず、この二次方程式を因数分解しようと思ったら、右辺の－50を左辺に移項して**「$x^2 - 100x + 50 = 0$」**という形にします。「8 歩目」で学んだ通り、この式で「足して－100」「かけて 50」になる組み合わせを見つけて因数分解できるでしょうか？

結論を言うと、そのような整数は見当たりません。そこで予告した通り、この場合は**二次方程式が絶対に解ける“特効薬”にして最終奥義「解の公式」の習得**が必要になります。

因数分解は**「『$ax^2 + bx + c = 0$』が『$(px + q)(rx + s) = 0$』という形になったら嬉しいなぁ」**というものでした。みなさんは、もう1つ二次方程式を解けるパターンを知っていましたよね。

そう、いちばん最初に学んだ、**「$ax^2 = b$」**です。

鶴崎チェック！

「$ax^2+bx+c=0$」が「$ax^2=b$」になったら嬉しいなぁ

これが解の公式の“気持ち”なんです。

では、実際に考えてみましょう。具体的には「**『$x^2-100x+50=0$』**を**『$ax^2=b$』**に近づけるにはどうすればいいか」ですが、そのためには「『x^2-100x』の部分をどうにかしなければならない」という気づきが必要です。ここが ax^2 に相当(そうとう)するからです。

そして、96ページで**「$(a+b)^2=a^2+2ab+b^2$」**という因数分解の公式を紹介しましたが、これが手がかりになります。じつはこれと似た公式で、**「$(a-b)^2=a^2-2ab+b^2$」**があります。実際に $(a-b)(a-b)$ を展開してみると証明できます。

鶴崎チェック!

「x^2-100x」の部分が、$(a-b)^2$ の形になったらいいなぁ

すると、この新たな“気持ち”が芽生えます。

そこで頭をひねります。**$-100x$** は **$(-2\times x\times 50)$** なので、こう考えると **$2ab$** の部分と似ていますよね。つまり **a** に相当するのが **x**、**b** に相当するのが50です。

ということは、**「$x^2-100x+50^2$」だったら、$(a-b)^2$ になる。でも、50^2 はない。ないんだったら持ってきて、そして引けばいい**んです!

ずいぶん乱暴なことを言っているようですが、数学的には問題ありません。これまでの話をまとめると、こうです。

$$x^2-100x+50=0$$

ここを$(x-\square)^2$の形にしたい
$x^2-100x+50^2$だったら$(x-50)^2$になる

⬇ないんだったら持ってきて、引けばいい！

$$\Rightarrow\ x^2-100x+50^2-50^2+50=0$$

$$\Rightarrow\ (x-50)^2-50^2+50=0$$ ⬅$(x-50)^2$以外を計算する

$$\Rightarrow\ (x-50)^2-2450=0$$ ⬅-2450を移項する

$$(x-50)^2=2450$$ ⬅「$ax^2=b$」の形になった

$$x-50=\pm\sqrt{2450}$$ ⬅87ページより

$$x=50\pm\sqrt{2450}$$

一応、計算上は**「$x=50\pm\sqrt{2450}$」**が答えになりますが、$\sqrt{2450}$がどんな数かというと、東京ドームの直径を求めたように自力で計算するしかなく、だいたい49.5です。**「$x=50\pm49.5$」**を計算すると、**「$x=99.5$、0.5」**ですが、もともと縦40m、横60mの畑だったので、そこに99.5メートルのあぜ道をつくるなんてバカな話はありません。

よって、適当な答えは約0.5mとなります。0.5mということは、まあ50cmくらいのあぜ道というわけですが、利益を優先しすぎてちょっと狭いですかね（笑）？

“気持ち”を解くカギこそが大切

今の話を一般化したものが、解の公式です。

鶴崎チェック！

$ax^2+bx+c=0$ ただし$a\neq0$

$\Rightarrow a\left(x^2+\frac{b}{a}x\right)+c=0$ ← $\frac{b}{a}$を$2\times\frac{b}{2a}$と考えて「平方完成(へいほうかんせい)」（※3）

$\Rightarrow a\left\{x^2+\frac{b}{a}x+\left(\frac{b}{2a}\right)^2-\left(\frac{b}{2a}\right)^2\right\}+c=0$

※3 平方完成
「$a(x-b)^2$」の形をつくること。

$\Rightarrow a\left(x+\frac{b}{2a}\right)^2-\frac{b^2}{4a}+c=0$ ←「$ax^2=b$」の形にする

$\Rightarrow a\left(x+\frac{b}{2a}\right)^2=\frac{b^2}{4a}-c$

$=\frac{b^2-4ac}{4a}$ ← 通分した

$\Rightarrow \left(x+\frac{b}{2a}\right)^2=\frac{b^2-4ac}{4a^2}$ ← 両辺をaで割った

$x+\frac{b}{2a}=\pm\sqrt{\frac{b^2-4ac}{4a^2}}$ ただし$b^2-4ac>0$
← 分母の $\sqrt{4a^2}=2a$

$=\pm\frac{\sqrt{b^2-4ac}}{2a}$ ← $\frac{b}{2a}$を右辺に移項する

$$x=\frac{-b\pm\sqrt{b^2-4ac}}{2a}$$

いかがでしょうか。もしあなたが小学生だとしたら、かなり難しい話かもしれません。でも、ここまでの道のりを理解していれば、いつか学校でも二次

方程式というものを教わって、「解の公式だったら絶対に解けるんだ」と知っておくことは、とっても有利なことです。

そして、このような**数学的な議論・証明とは、パッと見、非常にごちゃごちゃしているんですが、基本的には最初に「やりたいこと」、すなわち“気持ち”があって、それを解くカギを使い、あとは一本道**です。その道を正確にたどればいいんですね。

こう捉えると、恐（おそ）れる必要はないと思います。いや、「恐れないでやってほしい!」と言うべきでしょうね。

解の公式でいうと、**「$ax^2 = b$」にしたいという“気持ち”のための、ただ1つのアイデア、「平方完成をやる」ことこそが、カギ**です。

反対に**このことを忘れてしまったら、解の公式にたどり着くのがなかなか難しくなってしまうような“重要なカギ”**です。

「じゃあ解の公式だけ暗記すればいい!」という考え方もありますが、最終奥義にはリスクが付きもの。間違って憶えていたり、実際に使うときに間違ったりしたら、もちろん答えも間違えます。

最終的に暗記するのはかまわないと思います。ただ、私もつい、「解の公式って『$\frac{-b\pm\sqrt{b^2-4ac}}{2a}$』だっけ？　『$\frac{-2b\pm\sqrt{b^2-4ac}}{a}$』だっけ?」と、迷うことがあります。そんなときは、**その場で証明できる力がないと、すなわち公式の“気持ち”をまず知っておかないと、お手上げになってしまう**んですね。

あと、46ページでも言いましたが、やっぱり「なぜそうなるか」を説明できることこそ、本当に理解できていることなので、いろいろな場面で使える力になります。**「公式は暗記しているだけでは使えない」と言われるゆえん**です。

余談ですが、方程式は x^3 を含む三次方程式、四次方程式、五次方程式と、どんどん増えます。そして、私は暗記していませんが、四次までは解の公式が存在します。

そして、五次方程式以降には、解の公式は存在しません。

じつは数学的には、さっきのように「存在する」ことを証明するよりも、「存在しない」ことを証明するほうが難しいのです。

ですが、五次方程式以降に解の公式は存在しないことを証明した、ガロアさんの「ガロア理論」という偉業があります。これは大学で習うような内容です。

さて、<方程式の道>はこれで制覇です。

鶴亀算、○や□を使った問題から始まった<道>は、一次方程式、連立一次方程式、二次方程式へと広がり、解くための「武器」を手に入れてきました。

高校数学になると、この<道>は、65 ページでチラッと登場したような「指数・対数」と絡んだ方程式、あるいは「連立二次方程式」などに、さらに拡張します。

そして、解の公式を証明したような数学的な議論については、<論理・証明の道>でもお話ししますが、高校ではもっと増えるので、今のうちから慣れておくといいでしょう。

クイズ王・鶴崎からの挑戦状！
三角形のパズル

問題編

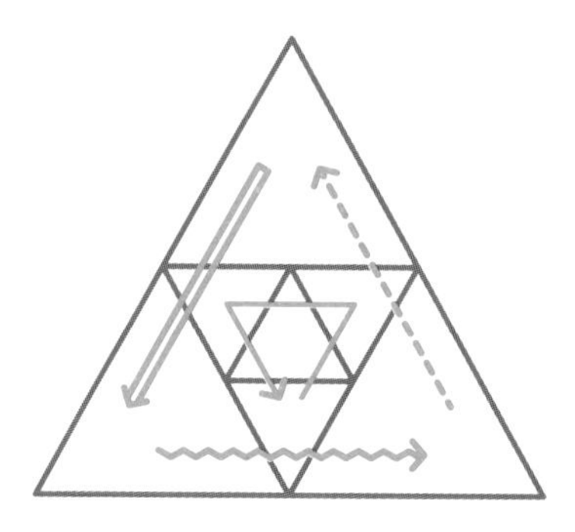

7つの三角形に2〜8までの整数を1つずつ入れて

⟹ の3つの足し算の答え

〰〰〰> の3つの足し算の答え

－－－－> の3つの足し算の答え

⟶ の4つの足し算の答え

これらがすべて同じ数になるようにしてください。
あなたは、できますか？

解答編は248ページへ

1歩目　「関数」とは何か。グラフとの関係を知る(小学生〜中学1年生、高校生)

2歩目　「一次関数」は直線である。直線はほぼ「$y=ax+b$」である(中学2年生)

3歩目　一次方程式をグラフで解いてみる(中学2年生)

4歩目　連立一次方程式もそのままグラフにして解く(中学2年生)

5歩目　強敵二次方程式でもグラフで解ける(中学3年生、高校生)

「関数」とは何か。グラフとの関係を知る

小学生
〜
中学1年生、高校生

式が謎でもグラフにして予測できる

大人のみなさんが、ビジネスでグラフを使うことはあるでしょう。でも、日常生活でわざわざグラフを書いて、何か問題を解決することってほとんどないと思います。

そうであれば、この<道>ではおもにグラフの話をしますが、これまでのように「できないことがあるから新しい『武器』を手に入れよう!」というのではありません。**グラフにはいろいろな使い方があって、それぞれが「武器」になる**。そんな道のりになります。

さらに、グラフと関数、あるいは関数と方程式の関係性を理解して、縦横無尽(じゅうおうむじん)に行き来できるようになれば、数学的に新しい考え方が身につくといった、いいこともあります。

まず、そもそも「関数ってなんだろう?」という話からです。

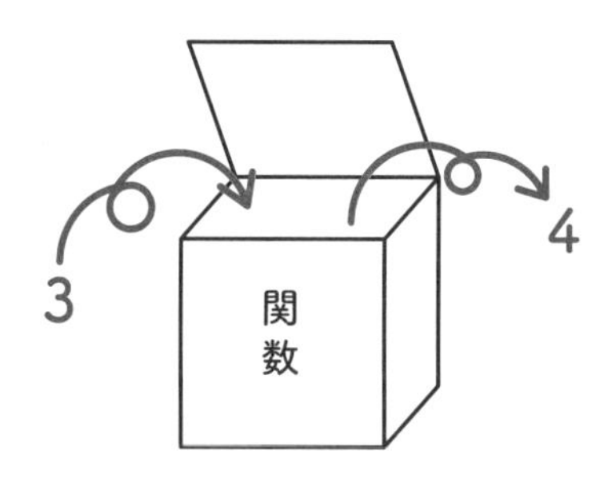

イメージとしてはこの図のように、「謎(なぞ)の箱の中に何かを入れると、べつの何かになって出てくるもの」です。数学の話にすると、たとえば「x = 3」を箱の中に入れると「y = 4」が出てくる、つまり「**x が決まると、**

y が 1 つ決まる関係」を関数といいます。

極論すれば、これは必ずしも式である必要はありません。

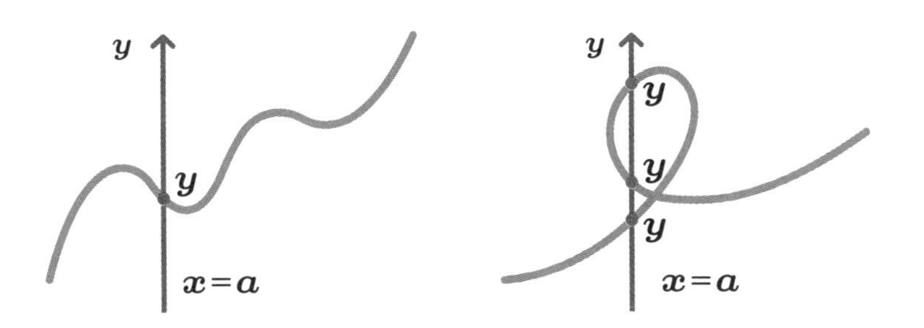

こんな適当な図があったとしても、「左は関数、右は違う」と言えます。右は「$x=a$」というある地点を見たときに、y が 1 つではなく、3 つあるからです。左のように、関数は式である必要はないんですが、「式にできれば、それはそれで便利」なことを「2 歩目」でお話しします。

次に、右のような式があったとします。

この本ではこれまで扱っていない形の式です。なんだかよくわからないと思いますが、そんなときは手を動かしましょう。

$$y=\frac{1}{x+2}$$

x	0のとき	1のとき	2のとき
y	$\frac{1}{2}$	$\frac{1}{3}$	$\frac{1}{4}$

yはどんどん小さくなることがわかる

⬇ xが負の数のときも調べてみよう

x	−1のとき	−2のとき
y	1	$\frac{1}{0}$!?

1は0で割れないから（47ページ参照）おかしなことになった！

⬇ xが−1と−2の間をもう少し調べよう

x	−1.5のとき	−1.9のとき	−1.99のとき
y	$\frac{1}{0.5}=2$	$\frac{1}{0.1}=10$	$\frac{1}{0.01}=100$

急にyが大きくなった！

⬇ xが−2より小さい場合は？

x	−2.01のとき	−2.1のとき	−2.5のとき	−3のとき	−10のとき
y	$-\frac{1}{0.01}=-100$	$-\frac{1}{0.1}=-10$	$-\frac{1}{0.5}=-2$	−1	$-\frac{1}{8}$

このように、謎の式は（「x =− 2」以外では）x が決まると、y が１つ決まる関係なので関数といえます。そして、**グラフを使うと関数を見やすくできます**。やってみると、こうなります。

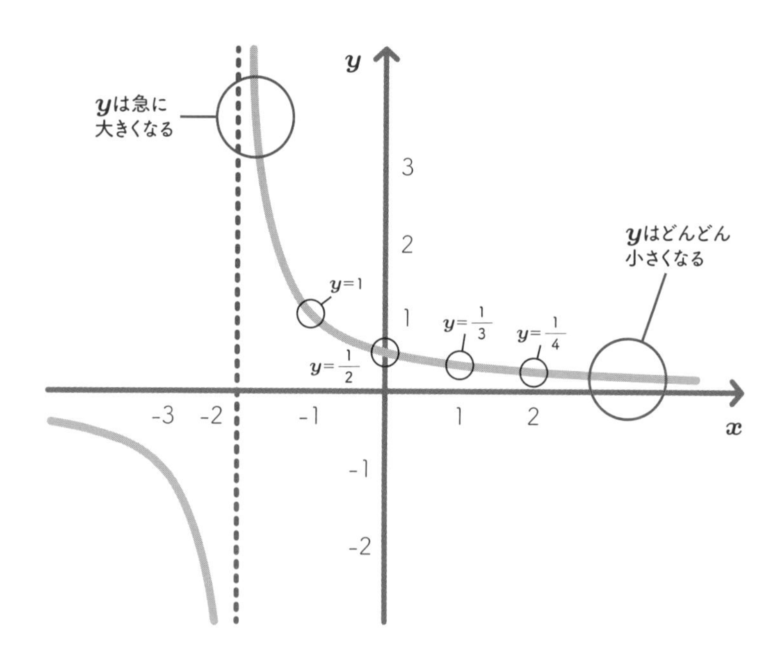

じつは、この関数とグラフは高校数学で学ぶものです。

<方程式の道>でも同じようなことを言いましたが、**ここで大事なのは、「y**

$= \dfrac{1}{x+2}$ 」という関数の意味はわからなくても、手を動かしてみればグラフが書けたこと。そして、謎だったものをグラフという図形にしてみると、目に見えてわかることも増えてきます。

たとえば、さっきはやらなかった「$x=-5.25$」の場合は、計算は面倒ですが、グラフでみると y の値が想像できます。また、「$x=-2$」に対して y の値は存在しませんでしたが、その前後をみると、「$x=-1.99$」のとき「$y=100$」で、「$x=-2.01$」のとき「$y=-100$」であり、この先のグラフは限りなく無限に伸びていく想像もできます。

想像することは、予測すること。これが関数・グラフの“気持ち”というべきものの1つです。「なんで関数やグラフを勉強するの?」と問われれば、「予測したいから」という理由が挙げられるんですね。

関数のグラフは x と y の「集合」

初めて学校で学ぶ関数は、「比例・反比例」です。

「えっ？　そんなふうに習ってない」というあなたも、**比例は「$y=ax$」、反比例は「$y=\dfrac{a}{x}$」**と教わったと思いますが、これらの式は x が決まると、y が1つ決まるので、まぎれもなく関数です。

a の値によって傾き（かたむ）きなどは変わりますが、こんなグラフになります。

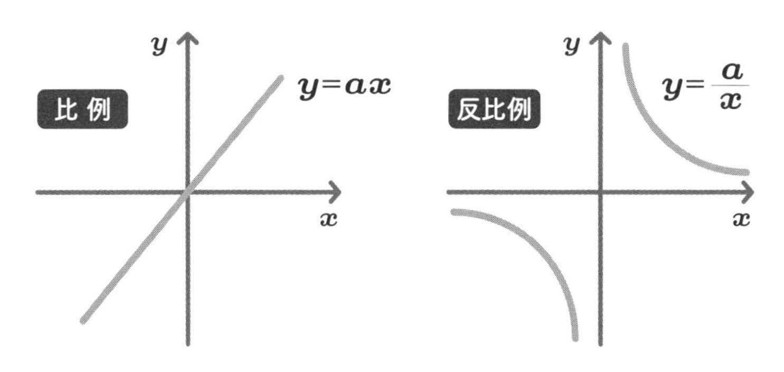

こうしてみると、さっきの「$y=\dfrac{1}{x+2}$」という関数は、「反比例をズラ

しただけ」と言えそうですが、中学では教わりません。

一方、グラフという言葉を聞くと、おそらく最初に触れるのは、このようなものではないでしょうか。

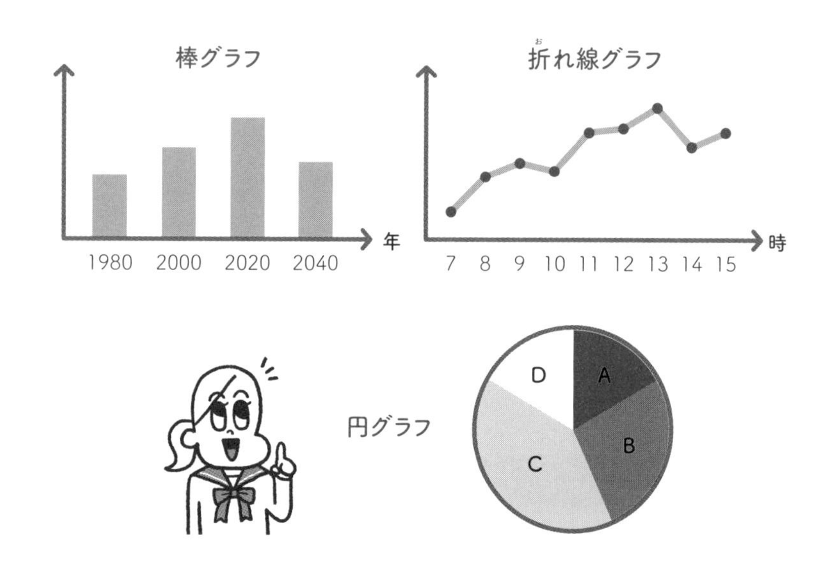

これらのグラフは何を表しているかというと、棒グラフと折れ線グラフは「変化」、円グラフは「割合」ですね。

関数・グラフの“気持ち”は「予測」と紹介しましたが、それは **x が決まったときに１つ決まる y の集まり、数学的にいうと「集合」がグラフになっている**から可能なんです。平たく言えば正確。

円グラフは難しいでしょうが、じゃあ棒グラフや折れ線グラフは予測に使えないのかというと、変化の「傾向（けいこう）」からだいたいの予測はできます。ただ、関数のグラフと比べると、正確ではないことが多いでしょう（英語では「チャート」と表されるので、関数のグラフとそれ以外は、区別されています）。

「一次関数」は直線である。直線はほぼ「$y=ax+b$」である

中学2年生

変化が一定であれば「一次関数」

問題

あなたは1000円持っています。毎月300円のお小遣いを貯めれば、1年後に5000円のゲームソフトが買えるだろうか。

1年後に5000円持っているか知りたい、つまり「未来の貯金額を予測したい」、そんなときは関数が使えます。なぜなら、x が決まれば y が決まる、すなわち「時間が決まれば貯金額が決まる」からです。

1か月後の貯金額は、最初に持っている1000円と、お小遣いの300円を合わせて1300円ですね。2か月後は300円増えて1600円。

これをグラフにすると、こうなります。

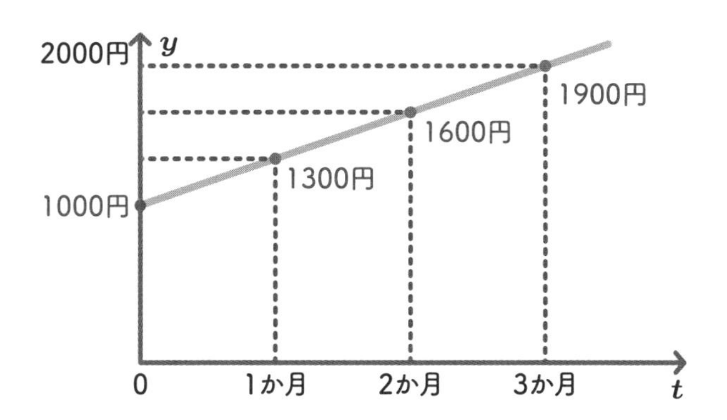

右肩上（みぎかたあ）がりに増えていきます。このグラフを1年後、つまり12か月目まで伸ばしていけば貯金額を知ることができますが、グラフを定式化できるなら、そのほうがかんたんです。

「tが1増えるごとに、貯金額yは300ずつ増える」➡
「つまり『$y=300t$』だな」➡「最初に1000円
持っていたから、『$y=300t+1000$』だ!」

このように考えることができます。**「$y=300t+1000$」**は、1か月後に相当するtが1と決まれば、貯金額yは1300と計算できます。

じゃあ12か月後の貯金額はどうかというと、tに12を代入して計算します。すると、4600円という未来の貯金額を予測できました。

5000円のゲームソフトを買うには少し足りませんが、現実にはお年玉などの臨時収入があるかもしれないし、「手が届くかも?」ということがわかりましたね。

このように、増えているにせよ、減っているにせよ、**変化が一定の関数を「一次関数」**といいます。**一定なのでグラフは直線**になります。反対に、**グラフを見たときに直線であれば、ほぼ一次関数**で表すことができます。

グラフを定式化できると計算ができるので、たとえば「1万円貯めるには、何か月かかるんだろう?」ということもわかるようになります。貯金額yが10000なので、一次方程式**「$10000=300t+1000$」**を解くと**「$t=30$」**。30か月貯金すればいいわけです。

「$y=ax+b$」で表せない直線とは

つい先ほど、「グラフを見たときに直線であれば、ほぼ一次関数で表せる」とお話ししました。これは非常に大事なものの見方で、このことを一般化すると、**「平面上の直線は、ほぼ『$y=ax+b$』という一次関数で表すことができる」**と言えます。

ただし、1 つだけ例外があるので「ほぼ」としましたが、わかるでしょうか。

グラフで考えてみましょう。

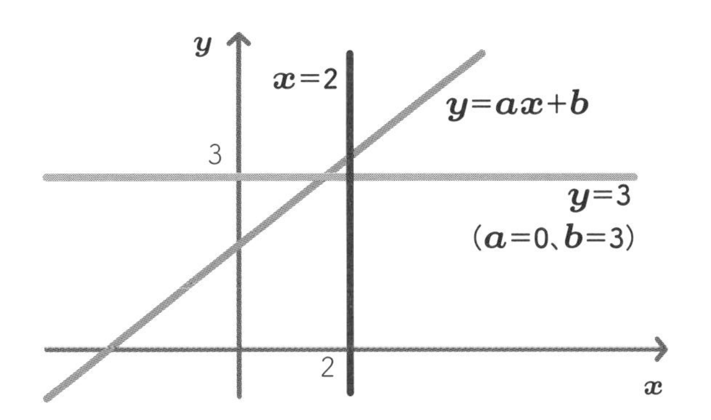

「$y = ax + b$」とは、上のグラフの斜めの直線のことですが、たとえば「$a = 0$、$b = 3$」の場合は「$y = 3$」となり、x 軸と平行の横の直線で表されます。

ところで、「$y = 3$」は関数だと思いますか？

じつは、これも「変化しない」という関係を表す関数です。

では、「$x = 2$」を表す y 軸と平行の縦の直線はどうでしょう。このグラフもどう見ても直線ですが、a と b がどんな場合でも y が変化しない以上、直線「$y = ax + b$」は、「x =○」という形にはなりません。

よって、この例外があるために、「$y = ax + b$」はほぼ平面上の直線を表せるという言い方になるわけです。

「また妙な話をしだしたぞ」と思ったでしょうが、ちゃんと伏線は回収しますので（笑）、この例外も知っておきましょう。

ちなみに、**「$b = 0$」のとき、「$y = ax$」となりますが、これは一定の割合で y が増減する「比例」を表す式**になっていますね。

一次方程式をグラフで解いてみる

中学2年生

一次方程式を連立一次方程式に!?

「1歩目」で、関数のグラフは「x が決まったときに1つ決まる y の『集合』なんですよ」と、お話ししました。

そうであれば、**「グラフは方程式の答えの集合」という見方**もできます。唐突(とうとつ)に方程式が出てきましたが、これは使える範囲が広い話です。

問題

$$5x+7=3x+10$$

これは、なんの変哲(へんてつ)もない一次方程式なので、みなさんは余裕で解けますよね？　左辺に**「わからない数 x」**を、右辺に定数を移項すると**「$5x-3x=10-7$」**、計算すると**「$2x=3$」**になり、両辺を2で割って、答えは**「$\frac{3}{2}$」**です。なんですが、これをあえてグラフで解きます。

「グラフで解くといっても x しかないよね?」という疑問はごもっともです。

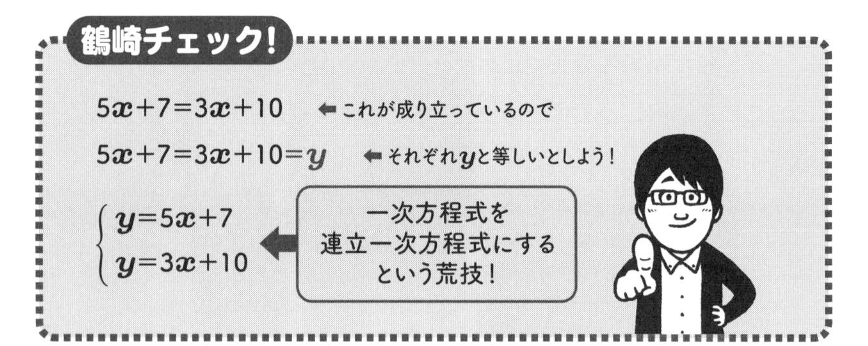

このように考えると、一次方程式が連立一次方程式になりました。そし

て、**連立一次方程式は、それぞれ一次関数ですね。**

では、この一次関数をグラフにしてみましょう。

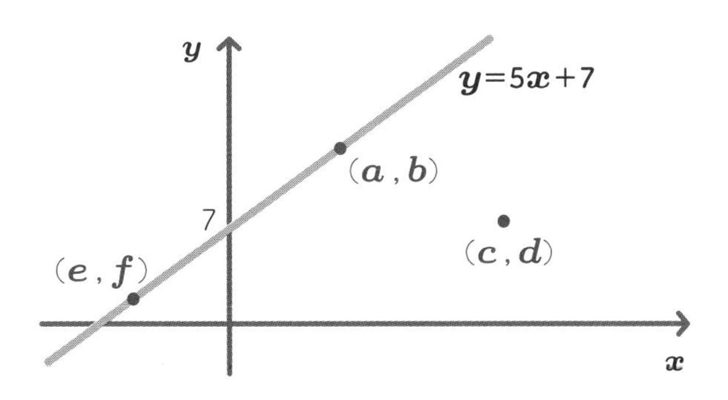

「$y=5x+7$」上の点 (a, b) と、そうではない点 (c, d) の違いは何かと考えると、(a, b) は「$b=5a+7$」の関係が成り立つ点で、(c, d) は「$d=5c+7$」にはならない点です。また、点 (e, f) も「$y=5x+7$」上にあるので、「$f=5e+7$」の関係が成り立つ (x, y) です。

そこで、たとえば「$y=12$」だと「$y=5x+7$」は、「$12=5x+7$」という一次方程式になり、なんの疑問ももたずに解くことでしょう。

でも、本来「$y=12$」ってなんなのかというと、x 軸に平行の直線です。そのときの x、すなわち「わからない数」って何？　というのが方程式の問題で、答えは直線「$y=5x+7$」と直線「$y=12$」が交わる点の、「$x=1$」というわけです。

「『$y=$○』は関数だ」という話を113ページでしていますが、**方程式は2つの関数からできている**とも考えられるんですね。一次方程式に関しては、2つの一次関数からできている。

そこで問題の一次方程式「$5x+7=3x+10$」の場合、「$y=12$」ではなく「$y=3x+10$」になっただけ。2つの直線が交わった点の x が、その答えです。

グラフを方程式の答えの集合と見る真意

「直線が交わった点の x が方程式の答えだ!」ということはわかりましたが、このままでは数までは分かりません。

そこで、とりあえず**「x = 5」**だとします。すると**「y = 5x + 7」**上では**「y = 32」**、**「y = 3x + 10」**上では**「y = 25」**なので一致しません。

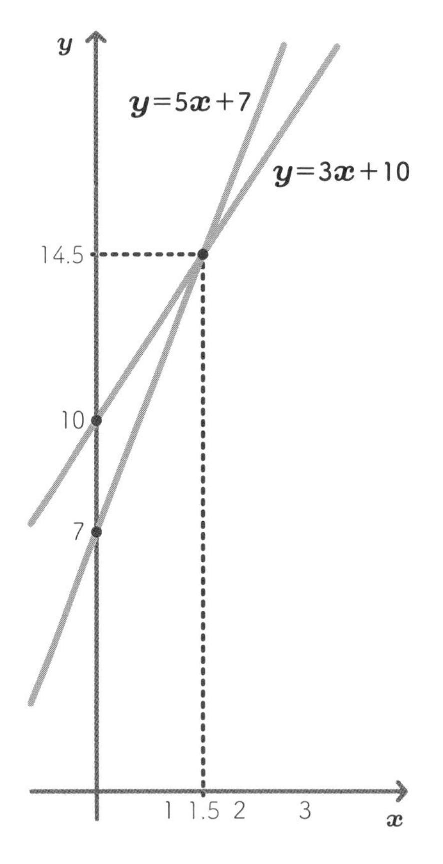

では、**「x = 1」**ならどうか。このとき2つの一次関数の y は12と13になるので、**「x = 5」**のときよりは一致に近づきました。

「x = 2」ではどうか。y は17と16になるので、**「x = 1」**のときと同じように、誤差(ごさ)は1です。

ということは、答えは**「x = 1」**と**「x = 2」**の間にあると、絞(しぼ)り込めてきました。

であれば、その中間**「x = 1.5」**だとどうでしょう。このとき一次関数の y は、両方とも14.5となり一致します。したがって、一次方程式**「5x + 7 = 3x + 10」**は、**「x = 1.5」**のとき同じ値となり、イコールで結ばれるんです。

1.5を分数で表すと$\frac{3}{2}$なので、普通に方程式を解いたときと同じ答えになりましたね。

まとめると、冒頭(ぼうとう)で「グラフは方程式の答えの集合という見方ができる」と言ったのは、こういうわけです。

一次関数「$y = 5x + 7$」において、y が 12 だったら方程式の答えは「$x = 1$」だし、y が「$3x + 10$」だったら方程式の答えは「$x = 1.5$」なので、当然「$x = 1$」のときの「$y = 12$」、「$x = 1.5$」のときの「$y = 14.5$」は、ともに「$y = 5x + 7$」のグラフ上にある点、ということです。

一次方程式と一次関数は、式の形は似ていても別物ですね。くどいようですが、方程式は「わからない数」を特定する。関数は「わからない数」を特定するのではなく、そのすべての可能性の集合で、それはグラフで表されるんです。

最後に、**グラフで方程式を解く考え方は、一次方程式だとむしろ面倒で、ありがたみはない**と思います。でも、三次方程式、四次方程式など、どんなに難解(なんかい)な方程式でも使えます。**むしろ、めちゃくちゃな方程式であるほど、答えを予測するためにも使える非常に強力な「武器」**なんです。

Column

二分探索

グラフの交わる点を予測する際に、今回の問題では「$x = 1$」と「$x = 2$」の間を調べたら、すぐに正解の 1.5 にたどり着きました。

仮にそれでも答えが出ないとき、でも 2 つの数の間に絶対に答えがあるとわかっているとき、たとえば次に「1.5 と 2 の間、1.75 で調べてみよう」となるわけです。

この方法を「二分探索(にぶんたんさく)」といって、知っておくと便利な方法です。なぜなら、中間を探(さぐ)ることで、つねに 2 倍の精度(せいど)の答えが得られる、誤差が半分になり続けるからです。

連立一次方程式もそのままグラフにして解く

中学2年生

すべての直線を表す「$ax+by=c$」

今度は「連立一次方程式もグラフで解こうぜ！」という話です。

$$\begin{cases} 3x+2y=8 \\ 5x+y=10 \end{cases}$$

この問題をそれぞれ **「$y=$」** の形にすれば「3 歩目」と同じ話になりますが、もちろんべつの話をします。

そこでまず考えたいのは、**「$3x+2y=8$」** も直線を表すことです。まあでも、ちょっと考えれば当然ですよね？ **「$y=-\frac{3}{2}x+4$」** と、一次関数 **「$y=ax+b$」** の形にできます。

よって、**「$3x+2y=8$」** を一般化した **「$ax+by=c$」の形も直線** といえます。

しかも、この形であれば **「平面上の直線は、すべて『$ax+by=c$』という一次関数で表すことができる」** と言えるんです。「ほぼ」ではありません、「すべて」です。**「$y=ax+b$」** では表せなかった **「$x=$○」** という直線も、**「$b=0$」** とすれば、**「$x=\frac{c}{a}$」** と表すことができるからです。

そして、**「$ax+by=c$($a \neq 0$ または $b \neq 0$)」** が直線だと知っていれば、かんたんにグラフを書けます。

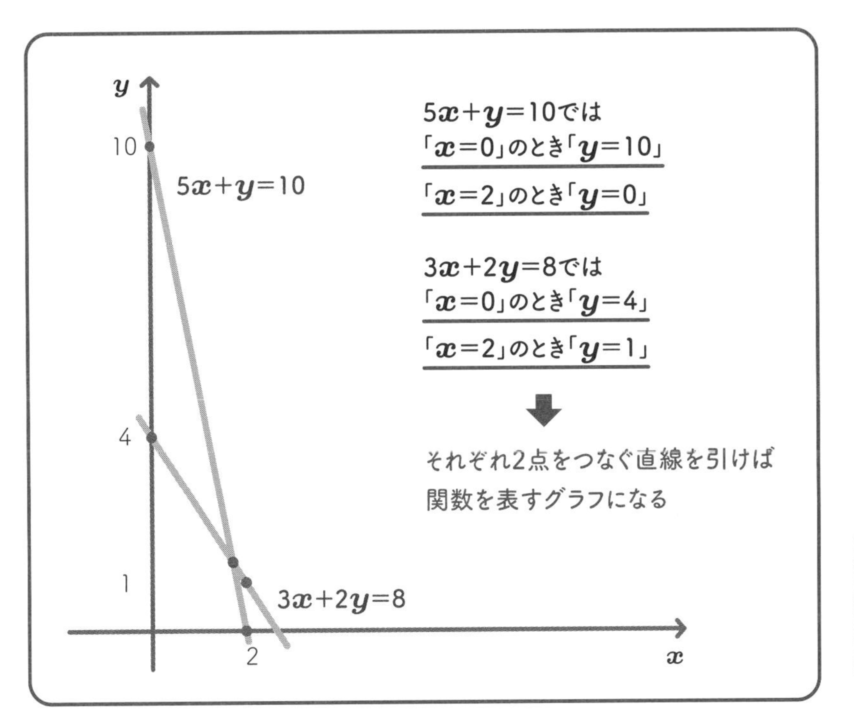

2つの直線が交わる点が、この連立一次方程式の答えとなります。

実際の答えは「3歩目」と同様に二分探索で絞り込んでいく必要がありますが、ここで**重要なのは、「$ax+by=c$」も直線だと知っていると強いこと**です。そうすれば、たった2点ずつを調べただけで、そのままの形で連立一次方程式の答えに近づくことができるんです。

この話は、もっと言えば**「xが決まれば、1つのyが決まる」関数の発想を飛び越えて、「直線だから」というグラフの世界だけで解いている**んですね。

なお、考え方を知ってほしかっただけなので、問題はここでは解きませんが（笑）、ぜひ“グラフ解法”でチャレンジしてみてください。

正解はこちらです。**「$x=\frac{12}{7}$、$y=\frac{10}{7}$」**。

強敵二次方程式でもグラフで解ける

中学3年生、高校生

一次方程式と同じ手順でOK

一次方程式と連立一次方程式をグラフで解きました。こうなると、「二次方程式もグラフで解こうや！」と、盛り上がってきたでしょうか（笑）？

問題

$$x^2-4x+2=0$$

この二次方程式は、因数分解ができません。ということは、仕方がないので解の公式「$x=\frac{-b\pm\sqrt{b^2-4ac}}{2a}$」を使って解くしかありませんが、そのまま使って計算すると、答えは「$x=2\pm\sqrt{2}$」という無理数になります。

では、グラフでどう解くか。やり方は一次方程式のときと同じです。

$x^2-4x+2=0=y$ ⬅それぞれyと等しいとしよう！

$$\begin{cases} y=x^2-4x+2 \\ y=0 \end{cases}$$

⬅連立二次方程式に！

連立二次方程式はよくわからないので、適当に図にするなら、こうです。

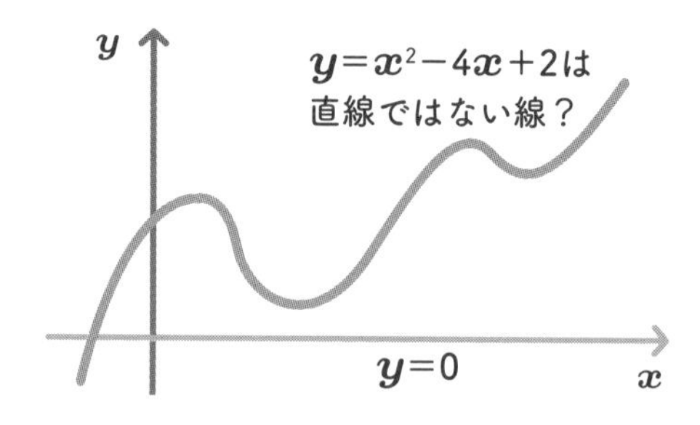

まず、「$y=0$」は x 軸と重なる直線ですね。では「$y=x^2-4x+2$」はどんなグラフかというと、「$y=ax+b$」や「$ax+by=c$」の一次関数ではないので**「直線ではない、だったら曲線?」**と、考えられます。

そして、「$y=x^2-4x+2$」は x が決まったときに y が決まる関数ではあるので、だったらこれまで通り、手を動かして試せばいいんです。

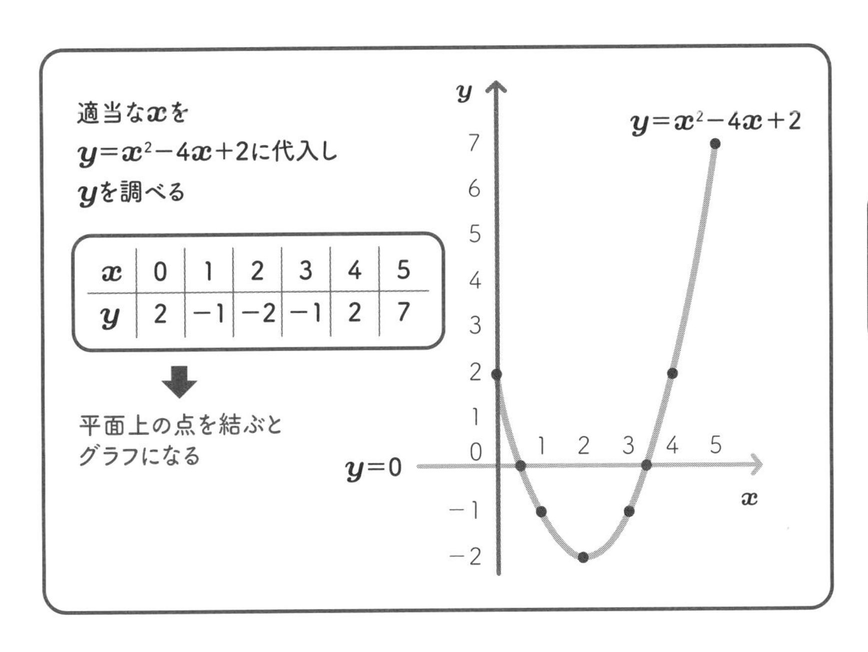

すると、「$y=0$」と交わっている点は2つあることがわかります。1つは「$x=0$」と「$x=2$」の間にあり、一方は「$x=2$」と「$x=4$」の間にありますね。

では、116ページでやったように、二分探索で「$x=0$」と「$x=2$」の中間「$x=1$」の場合を考えてみると、さっき求めた通り「$y=-1$」だったので、交わっている点は「$x=0$」と「$x=1$」の間にあると絞り込めます。では、その中間「$x=\frac{1}{2}$」のときを調べてみましょう。

$x=\frac{1}{2}$のとき ➡ $y=\left(\frac{1}{2}\right)^2-4\times\frac{1}{2}+2=\frac{1}{4}-2+2=\frac{1}{4}$

yはプラスになったので、交わる点は「$x=\frac{1}{2}$」と「$x=1$」の間にある
その中間「$x=\frac{3}{4}$」のときを調べる。

$x=\frac{3}{4}$のとき ➡ $y=\left(\frac{3}{4}\right)^2-4\times\frac{3}{4}+2=\frac{9}{16}-3+2=-\frac{7}{16}$

yはマイナスになったので、交わる点は「$x=\frac{1}{2}$」と「$x=\frac{3}{4}$」の間にある
その中間「$x=\frac{5}{8}$」のときを調べる。

$x=\frac{5}{8}$のとき ➡ $y=\left(\frac{5}{8}\right)^2-4\times\frac{5}{8}+2=\frac{25}{64}-\frac{5}{2}+2=-\frac{7}{64}$

y はマイナスになったので、x は$\frac{1}{2}$と$\frac{5}{8}$の間にあるとわかりますが、これ以上は計算が大変なので、あとはコンピュータがやってくれれば、より正確な x を探すことができます。ただし、解の公式で解いた通り x は無理数なので、永久に y が 0 になる有理数 x は出てきません。

ここで**大切なのは、$\frac{1}{2}$を小数にすると 0.5、$\frac{5}{8}$は 0.625 ですが、もうほとんど誤差の範囲内に、「y が 0 になる x の 1 つがあるんだ」とわかること**です。

また、**「$x=2\pm\sqrt{2}$」**というより、このほうが「ほとんど 0.5 くらいのところに交わる点があるんだ」と、**数の感覚として理解しやすいことも、グラフで近似の答えを探す利点**です。

もちろん「正解」が求められるテストや入試では使えませんが、**「x を決めると y が決まる」とわかっている場合、どんなに意味不明で、不規則な変化をするものであっても、グラフにして近似の答えを探すことはできるん**

だと実感できたと思います。こういう考え方ができると、社会にある「答えがないかもしれない問題」にも強くなれるんですね。

「二次関数」とは放物線である

じつは **「$y = x^2 - 4x + 2$」** のグラフから、もう1つ大切なことがわかります。すでに気づいている人もいると思いますが、このグラフは **「$x = 2$」** を軸として左右対称になっています。

ということは、**「$x = 2$」** と **「$x = 4$」** の間にあるはずのもう1つの答えは、3から0.5くらいプラスの位置、だいたい3.5だとわかります。そして、このようなグラフを放物線といいます。聞き覚えありますよね？　そう、90ページで「高校の物理で教わる」と、お話ししました。

このときに「二次方程式のよう」と言いましたが、正しくは「二次関数」というわけです。つまり **$a \neq 0$ ならば、二次関数「$y = ax^2 + bx + c$」は、上向きか下向きの放物線で表すことができる。逆に、そのような放物線があれば二次関数で表すことができる**んですね。

<関数・グラフの道>は以上ですが、「グラフのいろいろな使い方が武器になる」とスタートしたので、グラフを中心にポイントを整理しましょう。

まずは、「関数のグラフは予測に使える」こと。一次関数では直線、二次関数では放物線のグラフになるからです。

次に、「グラフを使って方程式を解く」こと。方程式は2つの関数で成り立っているという視点で、グラフの交わる点から答えを求めました。

最後に、**「平面上に直線を描きたい“気持ち”なら一次関数、放物線を描きたい“気持ち”なら二次関数を使えばいい」** とも言えました。

グラフとは、大きなくくりでは図形です。高校数学で学ぶ関数を使えば、平面上に円や楕円といった図形も描けるようになります。

たとえば高速道路の出入口にあるカーブのように、適切なカーブを関数のグラフで描いてみて、それを現実の建築に活かす。そういう関数・グラフの使い方もあるんですね。

二次関数

じつはさっきの放物線「$y = x^2 - 4x + 2$」は、ほとんどの場合、高校で見るものです。では、中学で見る放物線とはどんなものかというと、「$y = ax^2 + bx + c$」において、「$b = 0$、$c = 0$」のときの二次関数「$y = ax^2$」がほとんどです。

これをグラフにするとこうなります。

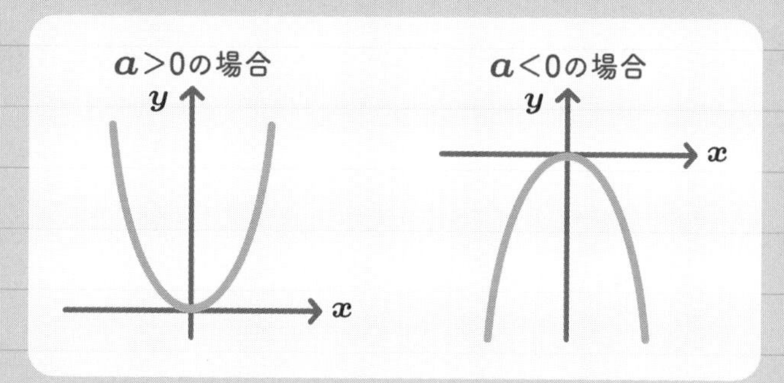

頂点が原点（$x = 0$、$y = 0$）にある放物線です。対して先ほどの頂点は原点ではなく、「$x = 2$、$y = -2$」でした。

中学までのレベルでよく見かける問題としては、このグラフからある範囲の最大値や最小値を求めたり、直線と交わる点を求めたりすることが多いです。ただし、方程式と関数・グラフの関係を理解したみなさんであれば、恐れる必要はありません。

図形の道

- 1歩目　三角形の「合同」「相似」の意味を考える（小学生〜中学3年生）
- 2歩目　三角形が合同になる条件を導き出す（中学2年生）
- 3歩目　三角形の相似条件は合同をもとに（中学3年生）
- 4歩目　図形の性質を知ると数値を得られるようになる（中学3年生）
- 5歩目　(理論上)正方形の面積でどんな形の面積も求められる（小学生、高校生）
- 6歩目　三角形の面積　公式の証明と多角形への応用（小学生）
- 7歩目　円の面積の“限りなく正しい説明”（小学生）
- 8歩目　まとめとしての「ピタゴラスの定理」の証明（中学3年生）
- 9歩目　相似だったら比率で体積や面積がわかる（中学3年生）

1歩目 三角形の「合同」「相似」の意味を考える

小学生〜中学3年生

「同じ」ってなんだろう？

図形には、三角形のなかでも正三角形、二等辺三角形、直角三角形、四角形のなかでも正方形、長方形、台形、平行四辺形、ひし形などがあります。円や球はもちろん、ハート型やグラフだって図形。世の中は、じつにたくさんの図形が溢(あふ)れています。

この本ではそんな無数にある図形において、「同じ図形とは何か」という話から始めようと思います。

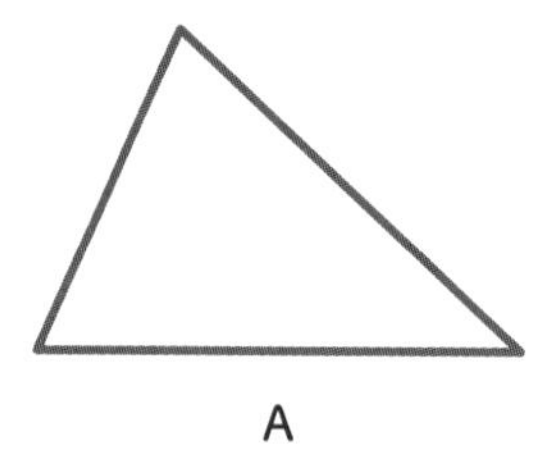

A

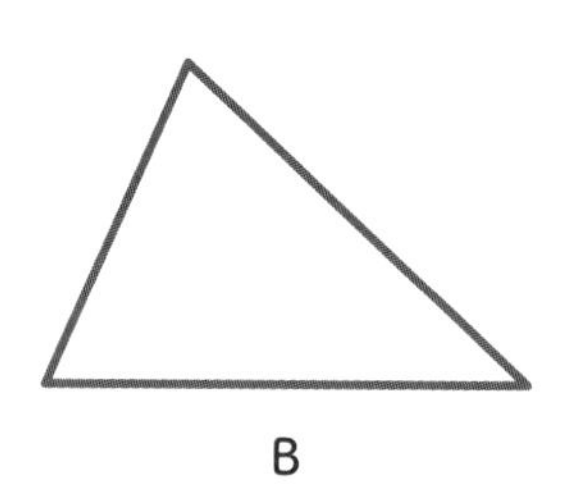

B

この２つの三角形は同じでしょうか？　一見すると同じに見えます。でも、私がそれぞれに「A」「B」と名前をつけた途端(とたん)にどうなるか。

「同じ場所にないし、名前も違うんだから別物」と見るのが、いちばんガチガチの「同じ」です。

でも、これだと「ああ、そう。だから何？」くらいの感想しかなくて、あまり話が弾みませんね（笑）。

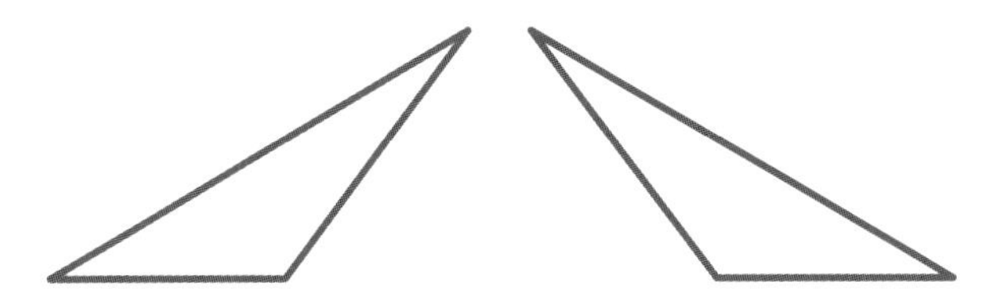

では、この 2 つはどうでしょう。これも同じに見えます。なぜかというと、ひっくり返したら、つまり**「動かして重ねれば同じではないか」、数学的ではないけれど、感覚的にはそう言えそう**だからです。

そこで、「動かすって何よ」ということを、もう少し考えてみたいと思います。次の図は同じでしょうか？

ドーナツとコーヒーカップです。全くの別物に見えますが、これが粘土だったらどうでしょう。ドーナツの穴をうまいことずらし、取手をつくればコーヒーカップの形にできそうですよね？

これはトポロジーといって、ちぎったり尖らせたりしてはいけないのですが、流動的に動かしている範囲であれば「トポロジカルに同じ」と言えるんですね。ようするに、これも動かしているんです。ただし、トポロジーは少なくとも大学以上の数学の話です。

そこで私たちがこの本で扱う「数学的に動かすって何よ」の結論ですが、

回転（まわす）、平行移動（ずらす）、反転（ひっくり返す）、この３つの「動かす」で一致した図形は「同じ」、数学的には「合同」といいます。

いちばん厳しいのは最初の話です。位置も名前も一緒でなければダメ。合同はそれよりもゆるいですよね。トポロジーは形が一緒でなくても OK なので、合同よりもさらにゆるい「同じ」。

ようするに、**「同じ」といっても、よくよく考えるとその度合いには差がある**ので、まずはそこをハッキリさせました。

合同の延長で出てくる話として、「相似（そうじ）」があります。これは拡大・縮小すれば同じ、つまり合同になる図形のことです。

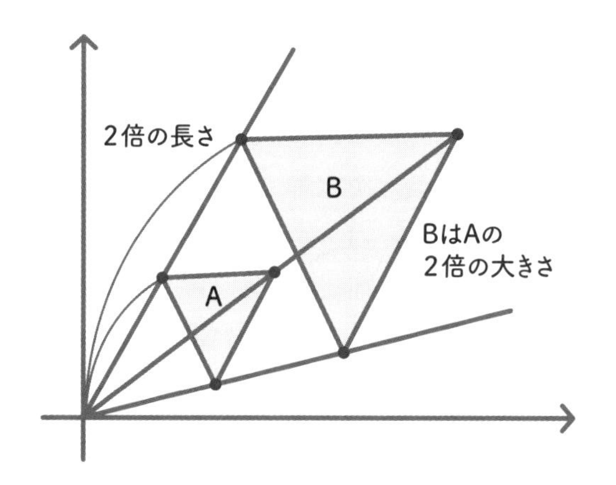

このように平面上に三角形を描いて、各点の２倍の点を結ぶと、拡大した三角形ができます。このとき、２つの三角形は相似です。

合同や相似もまた、いろいろなところに存在しています。たとえば歩道のタイル。これは合同でなければゴミです（笑）。チャーハンと半チャーハンは相似。だからなんだという話でしょうが、でも相似だからこそわかることがあって、それは後ほどお話ししましょう。

2歩目

三角形が合同になる条件を導き出す

中学2年生

証明の意味と、三角形ばかりやる意味

いきなり身も蓋もないことを言うと、「合同かどうかなんて見ればだいたいわかるでしょ」というのはごもっともだし、日常生活では相手が「そう見えるね」と同意してくれれば、それで問題ないわけです。

でも、もし「そうかな？　少しずれてない？」となったとき、数学を使えば誰もが納得するしかない説明ができます。日常生活でそれをするかどうかはべつとして（笑）。ただ、＜論理・証明の道＞で詳しくお話ししますが、数学を使った論理的な説明能力、議論は、算数・数学を学ぶうえで、とても重要です。

何か主張があるとき、数学的に反論の余地のない説明や議論を、数学では「証明」といいます。証明には証明の「武器」があり、学校教育ではこれからお話しする「三角形の合同証明」から、それに慣れていく場合が多いと思います。

そもそも中学では、ひたすら三角形の話ばかりをするんですが、これには理由があります。

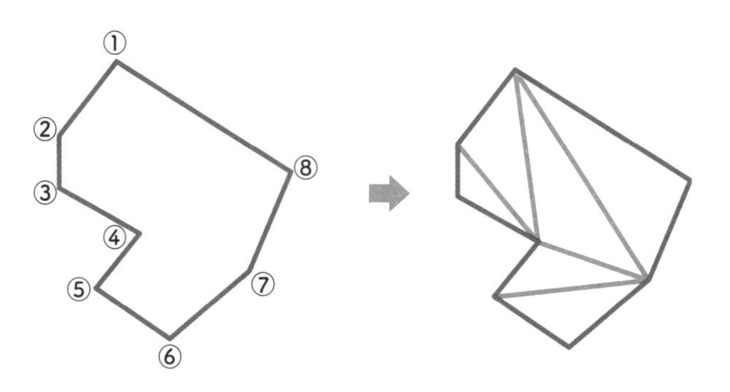

たとえば同じように見える八角形があって、合同を証明しなければならないときに、八角形だけでなく、多角形は右の図のように切ることで三角形になります。なので、それぞれの三角形の合同を証明できれば、八角形の合同も証明できるんです。

つまり、**三角形の性質を知ることは多角形を知ることで、三角形がわかればすべての多角形がわかるとも言える**んですね。そういう意味で、三角形の性質を念入りに調べるわけです。

「2角」が同じ場合、辺はどこまで減らせるか

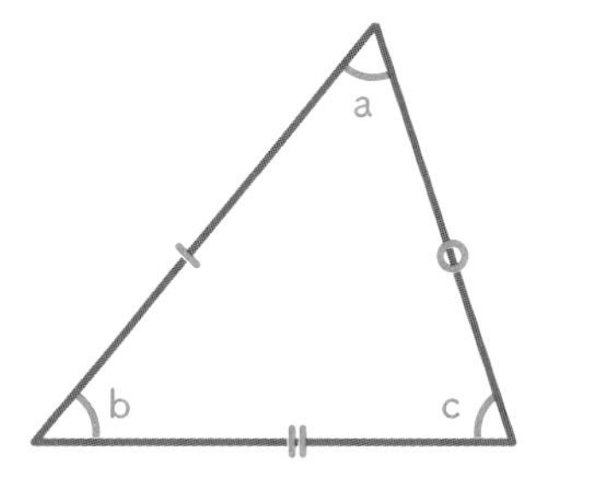

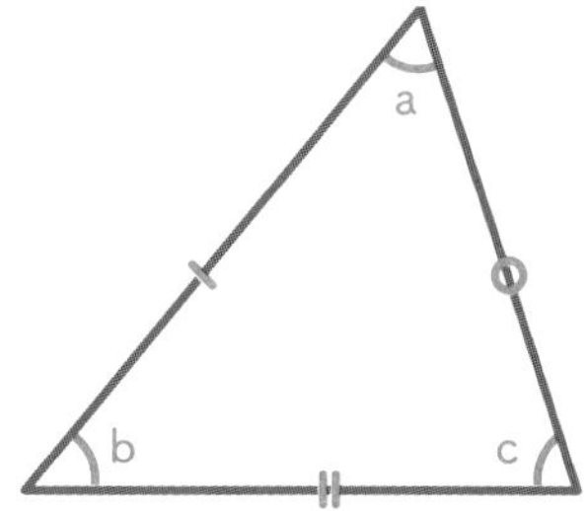

この２つの三角形は、３つの辺の長さ、３つの角の角度がすべて同じです。この場合は、２つは同じ三角形、つまり「合同である」と言えるのは、わかると思います。ただ、**合同を証明するために３つの辺、３つの角、「合計６つもの要素を調べるのは面倒」という“気持ち”から、「なるべく減らしたい」**と、数学者は考えました。

まず、「３つの角度」ですが、これは２つに減らせます。なぜなら、「三角形の３つの内角(ないかく)（三角形の内側にある角度）を足すと180°になる」という小学生が教わる三角形の性質があって（なぜそうなるかは調べてみてください）、２つの角度さえわかれば残りの１つは自(おの)ずと決まる

からです。180°から２つの角度を引けばいいわけです。

よって、見るべき要素を「３辺と３角」から「３辺と２角」に減らすことができます。

じゃあ２つの角度が同じ場合に、辺の条件をどこまで減らせるか考えてみましょう。「辺の長さはバラバラだけど、２つの角は同じ場合」、すなわち「０辺２角」はどうか。

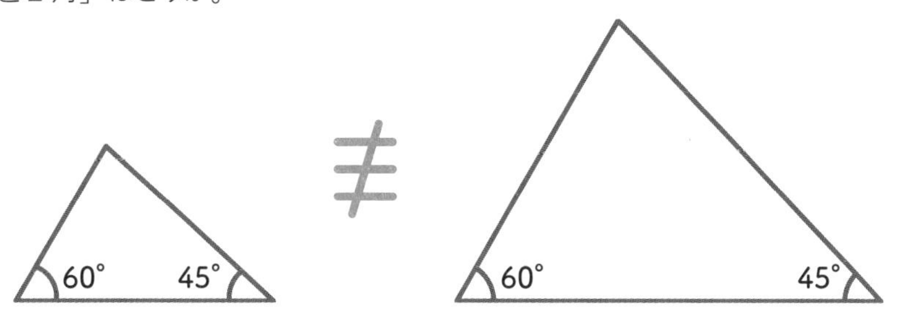

これは、合同にならない場合がかんたんに見つかります。では「１つの辺の長さと２つの角度が同じ場合」、「１辺２角」はどうか。

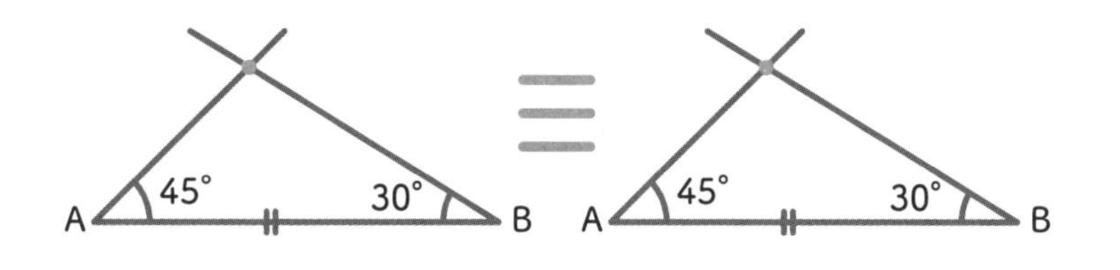

この場合、点Ａと点Ｂから伸びる直線は同じ点でしか交わりようがないので、２つの三角形は合同になります。じゃあ、この場合は?

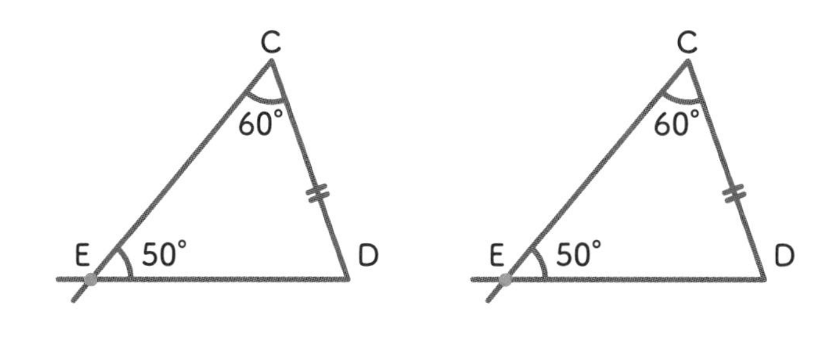

これはさっきと違って「同じ長さの１辺に同じ角度の１つがない場合」です。この場合も、点Ｃと点Ｄは同じ長さと角度でしか交わらないので、結果的に点Ｅと結ぶと合同になります。

「３辺３角」から「１辺２角」にまで見るべき要素が減って、楽になりましたね。

「１角」が同じ場合、辺はどこまで減らせるか

さらに角の条件を減らし、「１角」の場合に辺の条件をどこまで減らせるか考えてみましょう。まずは「０辺１角」。これはさっき「０辺２角」がダメだったので、もっとダメですよね。

では、「１辺１角」が同じ場合は？

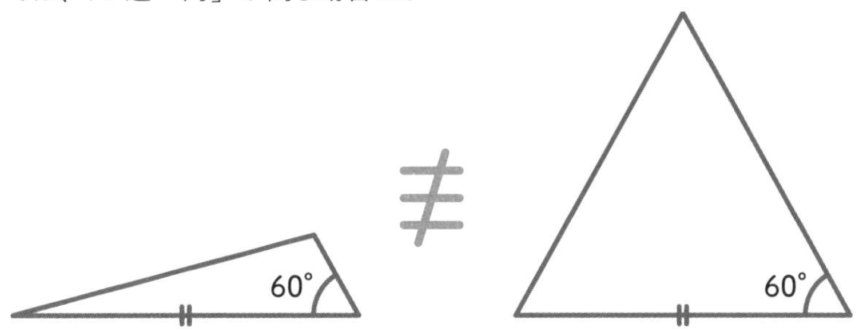

これも合同にならない場合が考えられます。次は「２辺１角」です。

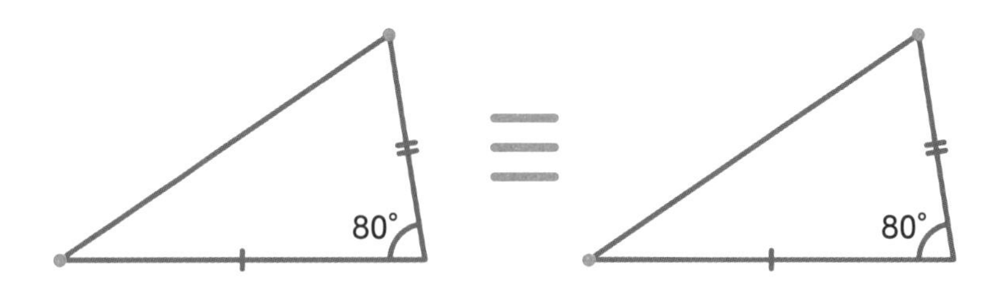

２つの辺の長さと１つの角度が同じであれば、残る２つの点を結べば同じ三角形ができました。よって、「『２辺１角』は合同になる」。

しかし、これは大ウソなんです。

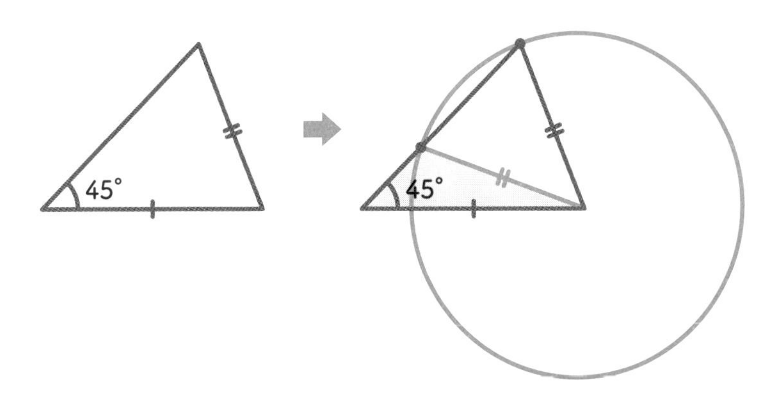

このように**1角が同じでも、それが2辺に挟まれていない場合、右の図のように円を描くと、2つの点で交わる可能性がある**。つまり、この場合は2種類の三角形ができる可能性があるので、必ずしも合同になるとは限りません。

よって、「2辺1角」の場合は、「2辺と挟まれた1角が同じであれば合同」になります。

「角度がわからない」場合、辺はどこまで減らせるか

さらに角の条件を減らし、「0角」を考えるとどうでしょう。「2辺以下0角」は、例外が多すぎますよね。

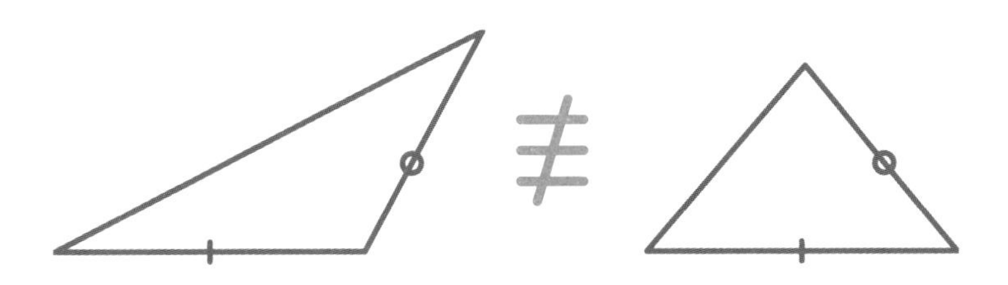

2辺が同じでも角度に条件を満たす要素がなければ、合同になりません。でも、3辺が同じ長さならどうか。「3辺0角」です。

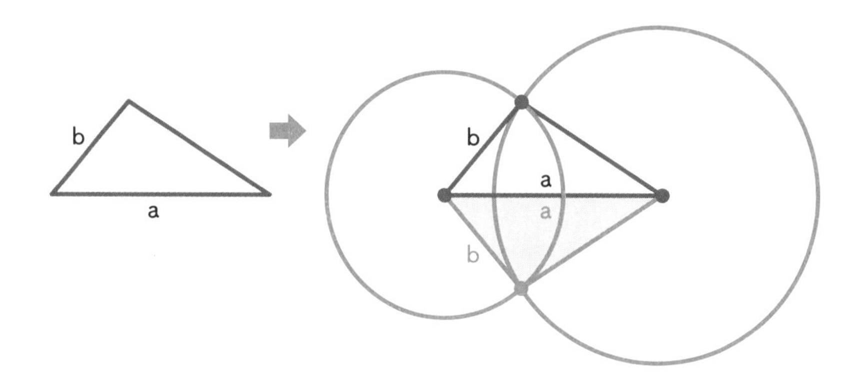

同じ長さの３辺のうち２辺をa、bとすると、右の図のように三角形になるための点が２つあることがわかります。ただし、さっきの「２辺１角」の場合とは違って、この場合にできる２つの三角形は、反転（ひっくり返す）すると重なるので、異なる三角形ではありません。

よって、「３つの辺の長さが同じであれば合同」になります。

よく文章問題で「辺の長さが5cm、8cm、10cmの三角形があります」などと、シレっと出てきますが、「その三角形って本当に１種類なの？」と、疑問をもったことはないでしょうか。でも、３辺の長さが決まっていれば三角形は１つの形にしかならないと、今の話から証明されているんですね。

ただ、念のためお話しすると、たとえば「辺の長さが1cm、8cm、10cmの三角形」は存在しません。あくまで三角形として**存在しているなら**、３辺の長さは１通りです。

反例のない議論が証明

さて、ここまでに確かめた三角形の合同が証明できる３つの条件を、「一辺両端角相等」「二辺夾角相等」「三辺相等」などと呪文のように憶えた人もいると思います。

もちろん、それはそれでいいんですが、この本では「なぜ、この３つの条件になったのか」を、ていねいに確かめたわけです。すなわち、**絶対に合同といえる最大ボリュームの要素「３辺３角が同じ」という話からはじめて、「どこまで要素を減らせるか」というチキンレース**をやってみたんですね。その結果、３つの条件が残ったわけです。

その際に「本当に例外はないのか」ということを意識しました。何かを証明するためには例外、これを数学では「反例（はんれい）」といいますが、反例があると証明にならないからです。

すると、「２辺１角」と「３辺０角」の場合に、ちょっと怪（あや）しい例が見つかりました。いずれも２種類の三角形ができる可能性があったんですが、「３辺０角」では結局１種類だったものの、「２辺１角」の場合には反例のため、「挟まれる１角が同じ」と、限定的になったわけです。

そして、こういうことも言えます。**「合同になるための要素が決まれば、三角形の形は１つに決まる」**。たとえば、3cm と 5cm の辺に挟まれた角が 30° の三角形は、１つしかありません。また、そう言えるからこそ、合同を証明できるんですね。

3歩目

三角形の相似条件は合同をもとに

中学3年生

合同と同じように条件の要素を減らす

次は「三角形の相似を証明できる条件」を確かめる話ですが、「1歩目」でお話しした通り、相似とは拡大・縮小すれば合同になることです。よって、まず拡大・縮小について確認しましょう。

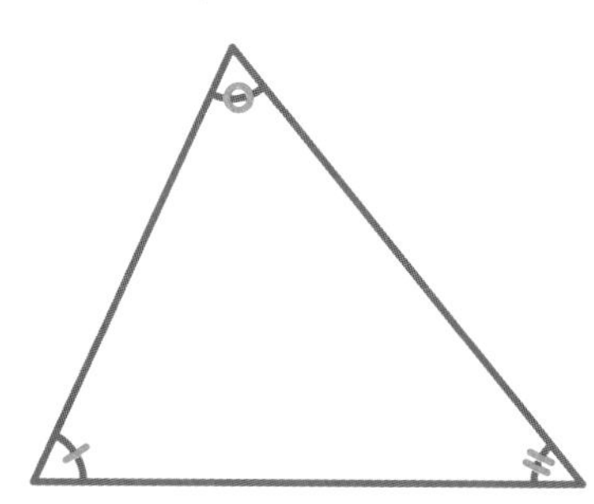

この2つの三角形は、左を拡大したものが右の図形です。

すると、角度には変化はありません。**図形が大きくなろうが小さくなろうが、角度は変わらない**んですね。

辺の長さはどうか。たとえば1辺の長さが2倍になれば、ほかの2辺も同様に2倍になります。このような大きさの変化が、拡大・縮小です。

このことから相似になる条件は、「3辺の比(率)と、3つの角の角度がすべて同じであれば、(拡大・縮小なので)相似である」と言えます。合同の出発点とはほんの少し異なり、相似を証明できる最大ボリュームの要素は「3辺比と3角」です。

そして角度の要素については、「三角形の内角を足すと180°」であることから、合同と同じように減らすことができるので、「3辺比と2角」から検証を始めましょう。

「2角」が同じ場合と、「1角」が同じ場合

大前提として、2つの三角形の「1辺の長さが同じ」と言えても「1辺の比が同じ」という言い方はないことはわかるでしょうか。たとえば下の図の辺aと辺bの長さの割合が比ですが、これをほかの辺の割合と比べなければ「同じ」とも「違う」とも言えず、1辺だけでは「ただ長さの異なる辺」でしかありません。

したがって2つの三角形の辺の比は、「3辺の比が同じ」「2辺の比が同じ」「比がすべて異なる」という3種類になります。

では、辺の比がすべて異なり、「2角」だけが同じ場合はどうか。

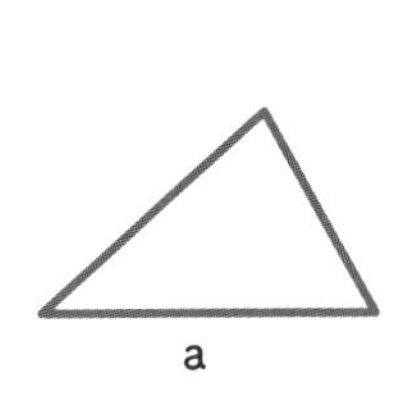

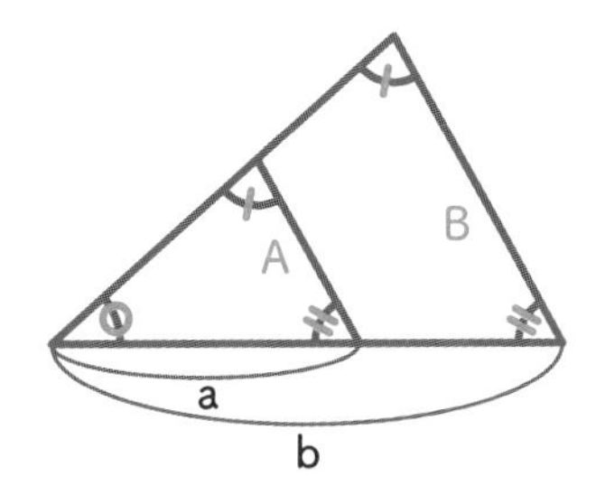

これは合同条件にもある通り、1辺と2角が決まれば1つの三角形の形が決まるので、bの長さがどんな場合でも右の図のように2つの三角形は重なるわけです。この場合は、辺Aと辺Bは平行になり、3つの角度が同じになります。

そもそも2つの角度が同じだったら辺の比がすべて異なる三角形にはならず、その時点でどんな辺の長さでも拡大・縮小の関係になります。したがって、「2つの角度さえ同じであれば相似」といえます。

この条件を「二角相等（にかくそうとう）」ともいいます。

今度は「1角」が同じ場合です。辺の比がすべて異なり、「1角」だけが

同じときは、合同のときと同じように考えるとダメですね。では、「2辺比1角」を確かめてみましょう。

まず、このように角が2辺に挟まれていない場合はどうでしょうか。

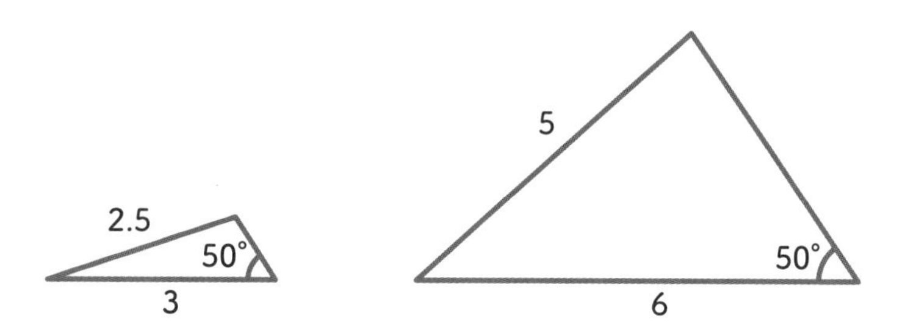

この2つの三角形は、2辺比（1：2）と1つの角度が同じですが、2つの角の角度が明らかに異なるので相似とはいえません。

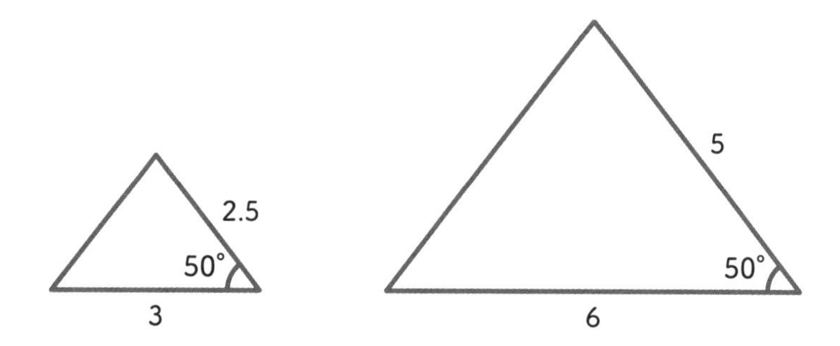

しかし、2辺比の対象となる辺に挟まれている角が同じであれば、このように三角形は重なります。

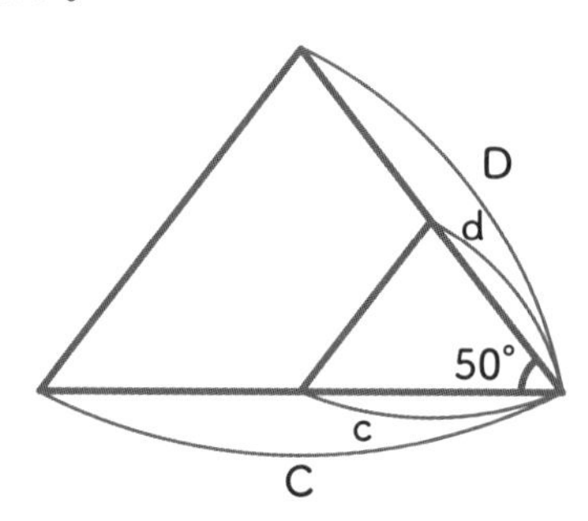

そして、「辺Cと辺c」「辺Dと辺d」の比率は必ず同じになるため、「1つの角を挟む2辺の比が同じであれば相似」になります。

この条件を「二辺比夾角相等（にへんひきょうかくそうとう）」ともいいます。合同条件とほぼ同じで、「比」が入るだけですね。

同じ角がなければ、やはり「3辺比」が必要

最後は「0角」ですが、ここまで確かめると、鋭い人は気づいているかもしれません。**「合同な図形は1倍の相似」**と見ることができます。したがって、**合同条件を満たす要素から外れてしまうと、相似もまた証明できない**んですね。よって「0角」の場合は、やはり「2辺以下の比が同じ」だけでは相似を証明できません。

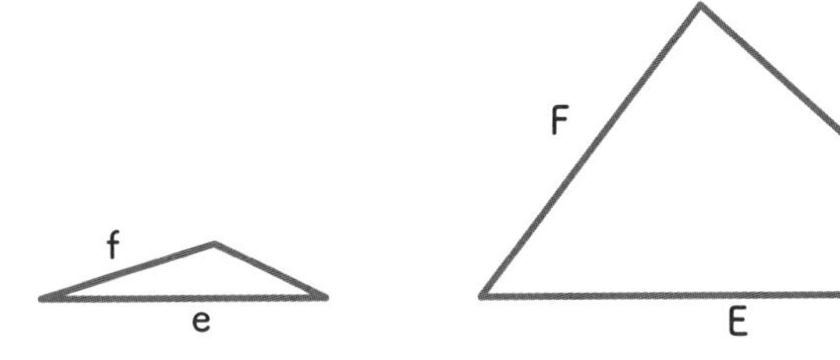

この場合、「辺Eと辺F」は「辺eと辺f」のそれぞれ2倍ですが、2つの三角形が拡大・縮小の関係でないことは明らかです。

最後に「3辺比0角」を確かめてみましょう。

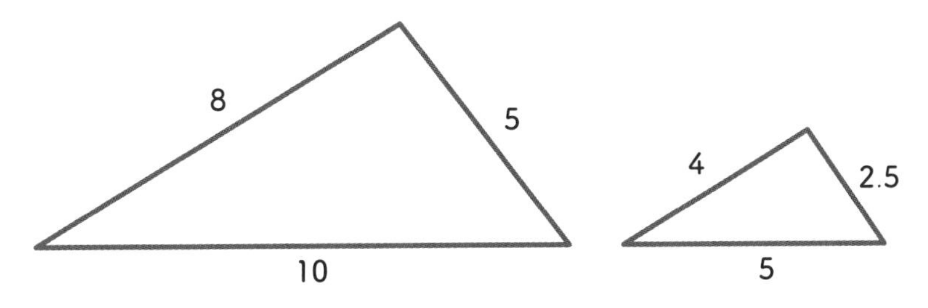

この場合は134ページでお話しした通り、たとえば「辺の長さが5cm、8cm、10cmの三角形」というのは、1つの形しかありません。

このとき3辺比が同じということは、それぞれの辺の長さを半分の「2.5cm、4cm、5cmの三角形」にした場合、必ず縮小した形になるので、これは相似です。この条件を「三辺比相等」ともいいます。

条件、公式、定理より、“気持ち”や過程が大事

以上、相似を証明できる条件を確かめましたが、ほとんど「2歩目」と同じ議論をたどりました。合同な図形は、相似でもあるからです。

なので、**相似を証明しようとして条件を忘れてしまっても、合同の条件を確かめれば思い出せます**。これは、連立一次方程式を一次方程式に置き換えたように、**「わかるものを使って、わからないものをわかるようにする」考え方**に近いものです。「合同のときはうまくいったから、相似でも使ってみようぜ」という“気持ち”ですね。

ただし、図形の問題はいろいろな工夫がしてあって、パッと見て「これ本当に相似なの?」という場合もあります。すると証明もけっこう複雑になります。そのときでも**基本は「反例がない説明にすること」**。「その議論、破れたり!」となったら、おしまいですからね(笑)。

そのための「武器」として、反例のない三角形の合同条件3つ、相似条件3つを呪文のように唱えて備えているわけですが、**練習を積んで慣れてくれば、この本で確かめたような過程をたどらなくても、結果を憶えておいて、使えます**。

これは、公式や定理の“気持ち”が大事なのと同じことで、証明の場合にも「この説明はなんで?」と問われたら、噛み砕いて説明できる必要があるんですね。だから**「何を憶えるべきか」ということ、結果としての条件、公式、定理よりは、“気持ち”や過程を憶えるべき**なんです。

4歩目

図形の性質を知ると数値を得られるようになる

中学3年生

シュートの難易度を数学的に見る

いろいろな図形には、それぞれの性質があります。

三角形の合同や相似が証明できるのは、三角形にもたくさんの性質があって、それを使うからなんですね。この<図形の道>とは、**そんな図形の性質を知る<道>**ともいえます。

そして、**性質を知れば、図形でできることが増えます**。たとえば、サッカーではフィールド内の選手がボールを蹴って（シュートして）、決められた幅のゴールに入れば得点になりますが、図形の性質を使ってシュートの難易度を表すことができます。

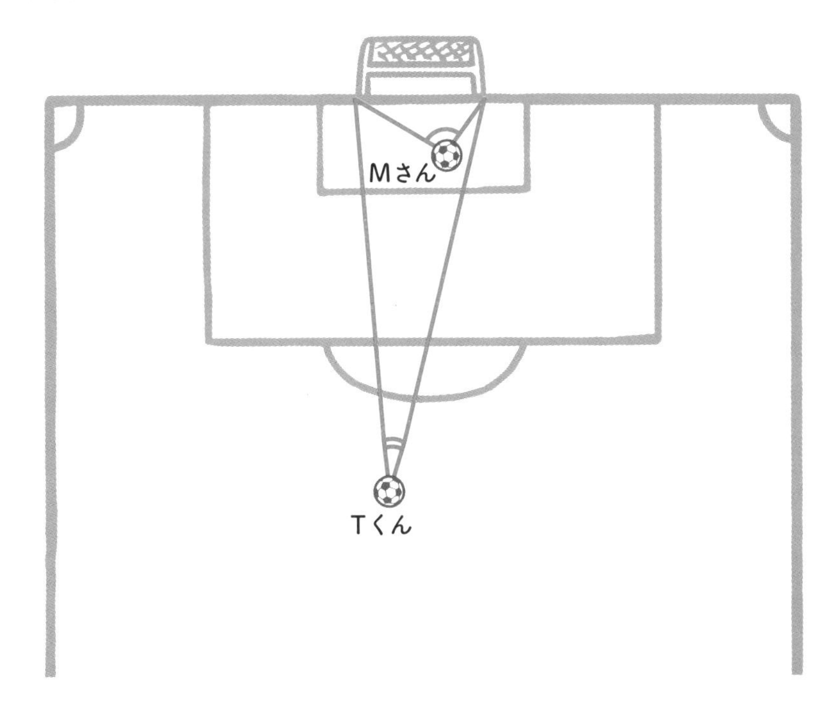

前ページの、Tくんの位置からシュートした場合と、Mさんの位置からシュートした場合、どちらがゴールになりやすいかは直感的にわかりますよね？　そう、ゴールに近いMさんの位置です。ゴールの両端（りょうたん）からそれぞれの位置に直線を引いてみると、角Tと角Mができますが、このことから**「角度が大きいほうが、ゴールになりやすい」**ことが言えそうです。

次に、さっきの図にこのような円を描いてみます。

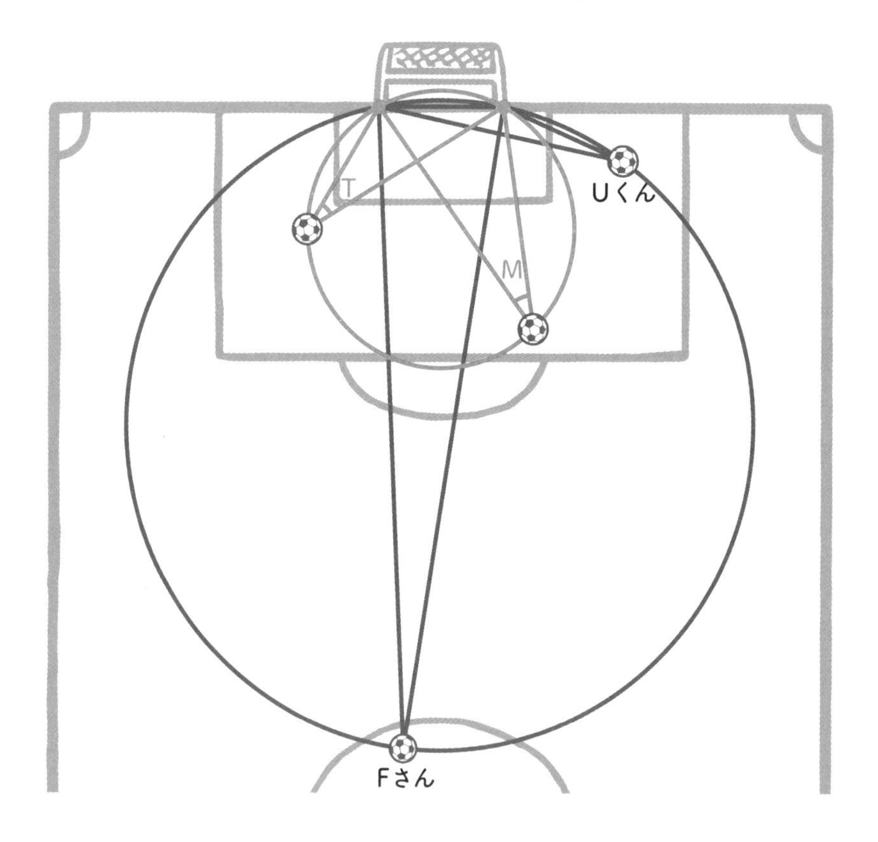

この円は、ゴールの両端とシュートを放った位置の3点を通っています。結論を言うと、**この円周上であれば角T、角Mは同じ角度になります。**つまり、最初に見た通り、角度はゴールしやすさ、難易度を表していたので、同じ角度である以上、**円周上のどの位置からシュートしても同じ難易度とい**

う見方ができるわけです。おもしろいのは、ほとんどゴール正面の位置だけど距離の遠いＦさんと、ゴールに近いものの角度の小さいＵくんの難易度が同じこと。

もちろん実際には、ボールを蹴る強さや蹴り方によってシュートの軌道(きどう)は変化するし、風向きといった自然の影響(えいきょう)もあるので、ボールはまっすぐ進むわけではありません。またゴールには幅だけでなく、高さという要素もあるので、この話は正確な難易度の話ではなく、肝心なのは**数学を使って、現実に１つのものの見方を提示(ていじ)したこと**です。円という図形の性質から、角度という数値を得ることができるので、それを使ってスポーツのゴールの難易度を考えたわけですね。

数値にすると、比べることができるし、サッカーの話とは関係はありませんが、測ることや計算もできるようになる。これが大切なことです。

「円周角の定理」の証明と落とし穴

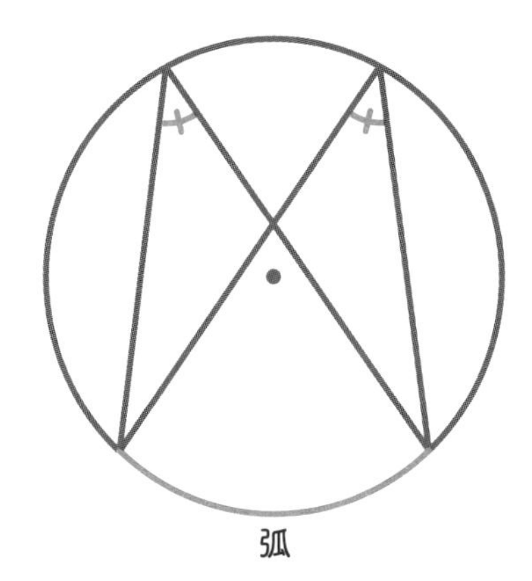

さっきお話しした「円周上であれば角Ｔ、角Ｍは同じ角度」、これは「円周角の定理」です。学校で教わるように言い換えると、上の図のように「同じ『弧(こ)』でつくる円周角は一定」。

では、この定理の理解を深めるべく証明しましょう。**“重要なカギ”は「中心点 O と、円周上の適当な点 P を結び、伸ばすこと」**です。

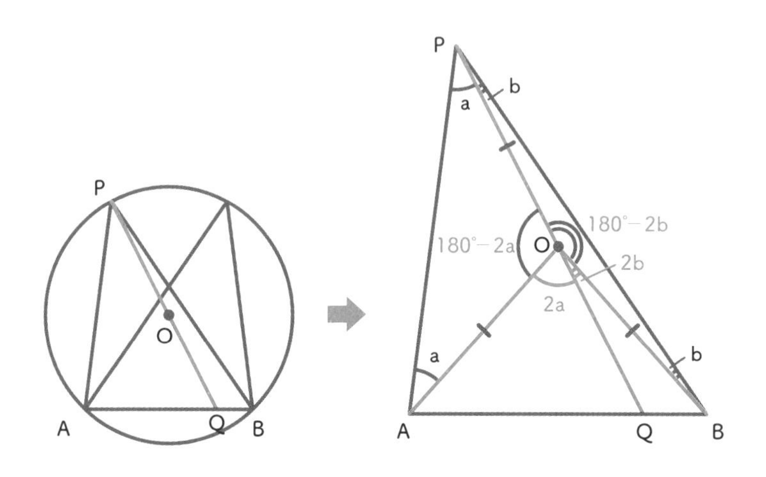

すると、三角形 AOP と三角形 BOP という 2 つの二等辺三角形ができます。辺 OA、OB、OP は円の半径なので、同じ長さだからですね。そして、小学生が学ぶ二等辺三角形の性質「底辺の両端の角は同じ」ことから、角度 a は同じといえます。二等辺三角形における底辺とは同じ長さではないもう 1 つの辺で、三角形 AOP では辺 AP です。

ということは、三角形の内角の和は 180° なので、角 AOP は **180° − 2a** です。さらに、PO を結んで伸ばした線分（2 つの点を結ぶまっすぐな線）を PQ とすると、角 AOQ は 2a になるのはわかるでしょうか？　直線は 180° なので、あえて式にすれば**「180 −（180 − 2a）= 2a」**だからです。

もう一方の二等辺三角形 BOP も同じように考えると、角 BOQ は 2b です。つまり、**「頂点が円の中心の角（「中心角」という）AOB は、つねに円周角 APB の 2 倍になる」**と言えます。

よって、「同じ『弧』でつくる円周角は一定」という結論について、この

図でいうと**「円周上にあれば、点 P はどこにあっても円周角は一定であり、その角度はつねに中心角の半分だから」**と証明できました。

ただし！　この証明では不十分です。**「やれやれ、証明できたぞ」と思っても、「本当に全部そう言える?」と、答えを振り返ることは大事**です。「O の位置」をヒントに、しばらく考えてから読み進めてくださいね。

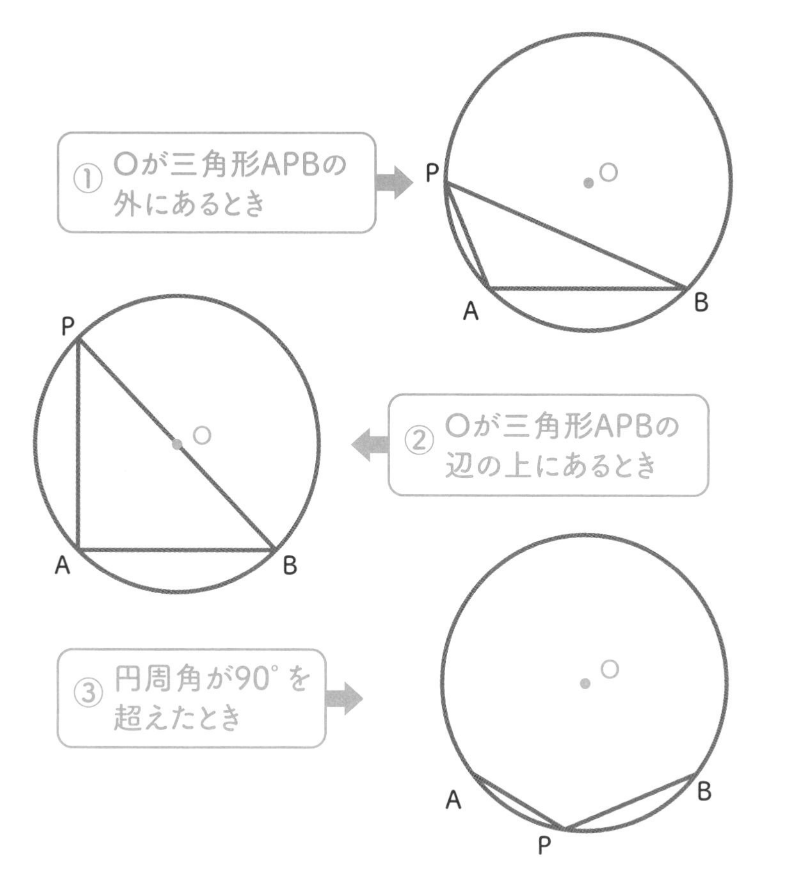

じつはさっきの証明では、中心 O が三角形 APB の内側にある円周角を勝手に想定しているんです。ですが、ほかにも①～③の場合があるので、「すべての場合で円周角は中心角の半分」と、まだ言えていないのです。

1つの場合しか証明していない。

はい、みなさんは今、「あと3つも証明するのかよ」と思いましたね？ 私もイヤです（笑）。やるべきことは全部同じなので。

ここでは、ちょっとだけ特殊な③の場合だけ証明してみましょう。

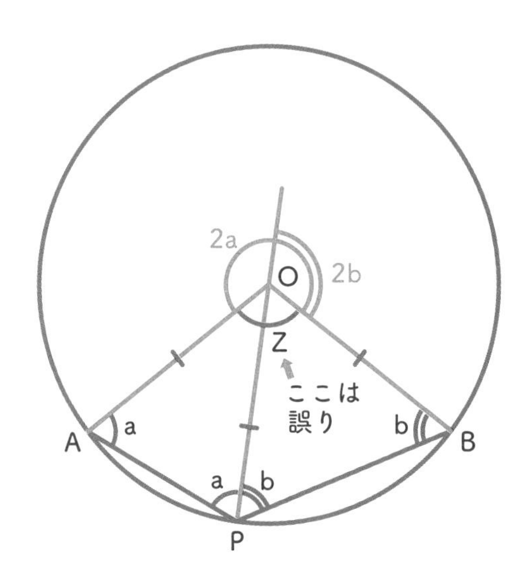

これは円周角をつくる点PをAとBの間にした場合なので、「円周角APBに対する中心角として、どこを見るか」に注意するだけです。上の図の角Zは誤りですね。

そこにだけ気をつければ、手順は一緒。2つの二等辺三角形と、**外角(がいかく)の性質（外角と隣り合わない内角の和）**を使って、円周角が中心角の半分と証明できます。

ほかの2つは、ぜひみなさん自身で証明してみてください。

図形の性質を知る本当のおもしろさ

中学で教わる図形の代表的な定理に**「中点連結定理(ちゅうてんれんけつていり)」**があります。

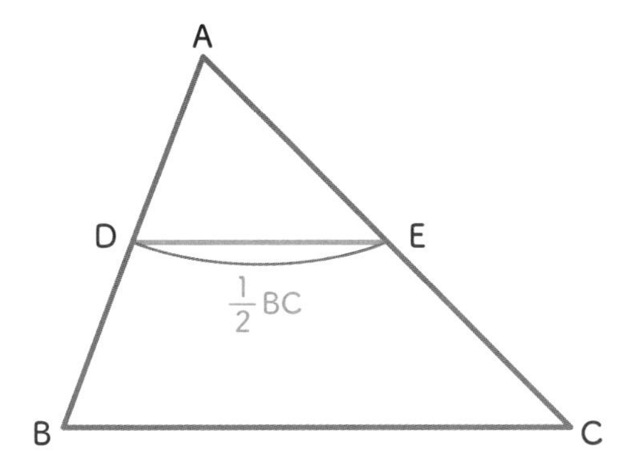

かんたんに説明すると、三角形ABCがあり、辺ABと辺ACの中間の点をそれぞれDとEとします。そのとき「DEは、BCの半分の長さですよ」という話です。この定理の証明ももちろんできるんですが、そんなにおもしろい話にはできそうもないので省略します（笑）。

ただ、直感的にこのように思うはずです。この三角形を細かく刻んだとしましょう。

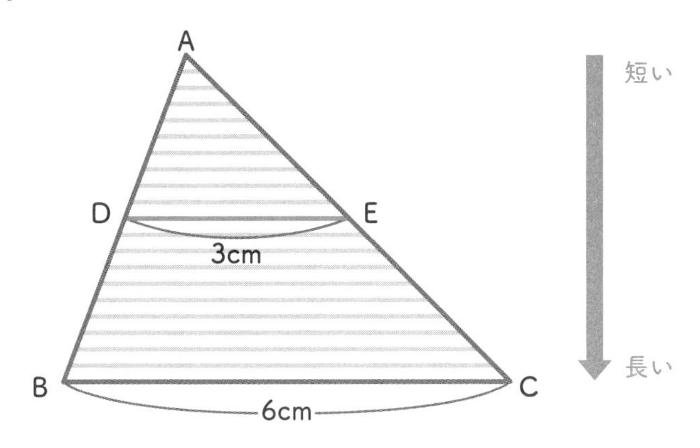

すると、刻んだ直線は上から下に向かって一次関数的に、すなわち一定の割合で長くなっていくと思いませんか？　ということは、**ちょうど中間だったらいちばん下の辺BCの長さの「半分になってるんじゃないか。というか、なっていてほしいな」という“気持ち”**が芽生えるはずです。実際に証明するとそうなっているんですが、その“気持ち”を知るだけで十分な定

理かと思います。

むしろ大切なのは、たとえば辺 BC の長さを測ってみると 6cm だった。そうであれば、DE は 3cm だとわかることです。これは円の性質から角度がわかったことと同様に、**三角形の性質から長さがわかった**という話です。

「図形の性質と数値」について、もう一歩踏み込んだ話をしましょう。たとえば点が 4 つあったとして、下の図の左のように線を引き、角度が同じになりました。だったら 4 つの点は、円で結べるのではないか。

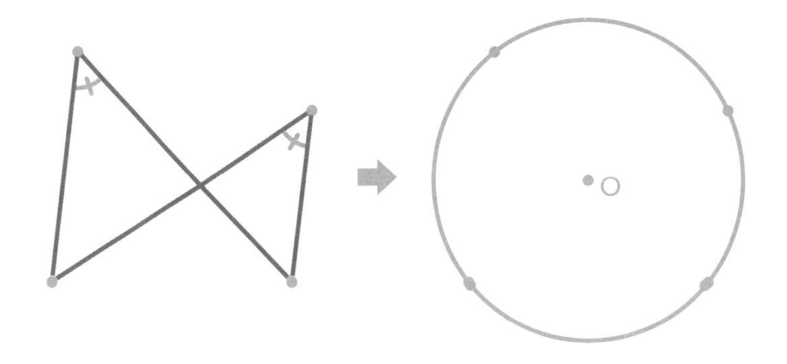

角度という数値の情報から、円という図形を導くことができる。そして、円という情報から中心の位置がわかり、直径の長さが判明するといったように、再び数値の話に戻して測ったり、計算できたりするようにもなります。

このように、**図形の性質を知るおもしろさは、数値と行き来することで、どんどん新しい情報が得られること**にあるんですね。

5歩目

(理論上)正方形の面積でどんな面積も求められる

小学生、高校生

高校数学につながる面積の捉え方

図形の長さや角度を見てきましたが、ここからは広さ、面積の話です。この話は正方形の面積の「定義」から始まります。定義とは、数学として「こう決めた」、これ以上証明しようがないルールです。

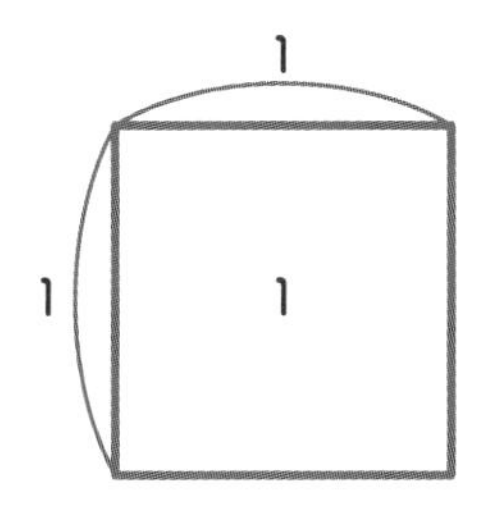

「縦1、横1の正方形の面積を1とする、これがいくつ並んでいるか、それをある形の面積とする」と、決めたんですね。

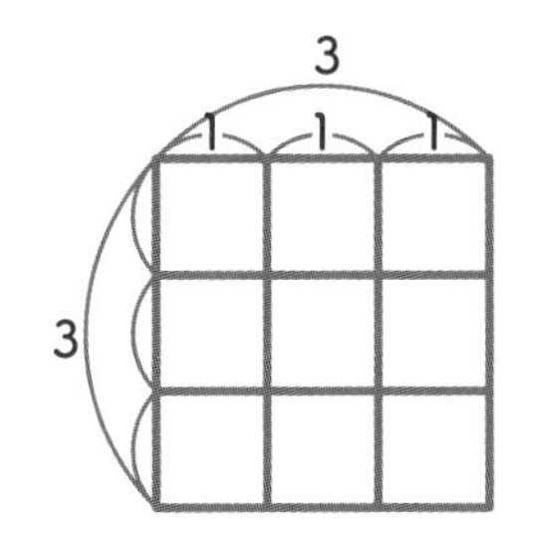

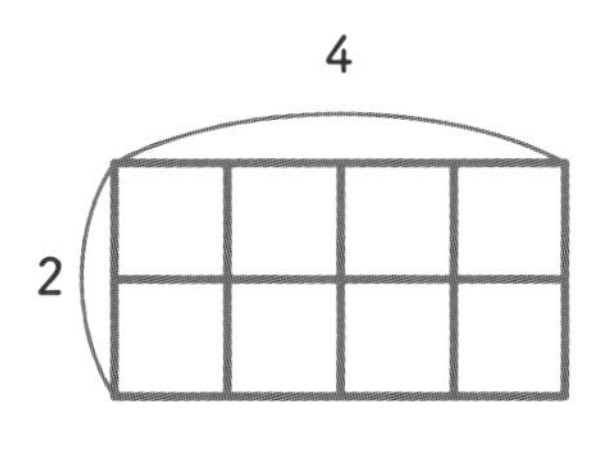

なので、左は**「3 × 3 = 9」**で、右は**「2 × 4 = 8」**と面積が求められ、正方形や長方形の面積が「縦×横」で求められるゆえんです。そう考えると、面積に使われる数は自然数である決まりはありません。

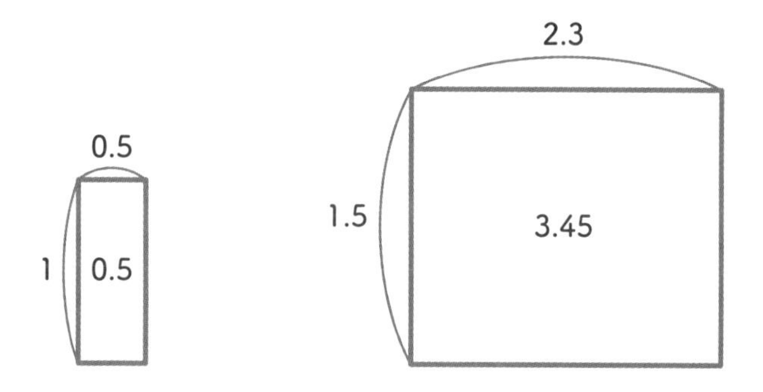

この場合、左は「**1 × 0.5 = 0.5**」だし、右は「**1.5 × 2.3 = 3.45**」となり、正の数であれば面積は求められます。

でも日常の問題ではとくに、測りたい面積がキレイな正方形や長方形とは限りません。むしろ、妙な形の場合が圧倒的に多いと思います。

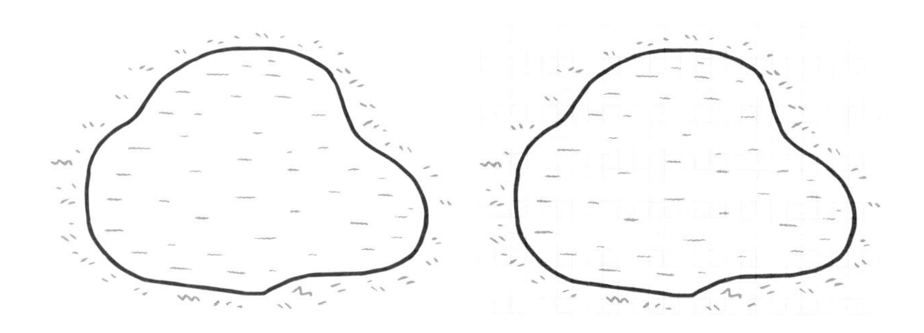

たとえば、こんないびつな形の池の面積が知りたい“気持ち”のときにどういう方法を考えたかというと、正方形の方眼で区切りました。正方形がいくつ含まれているかがわかれば、面積がわかるからです。

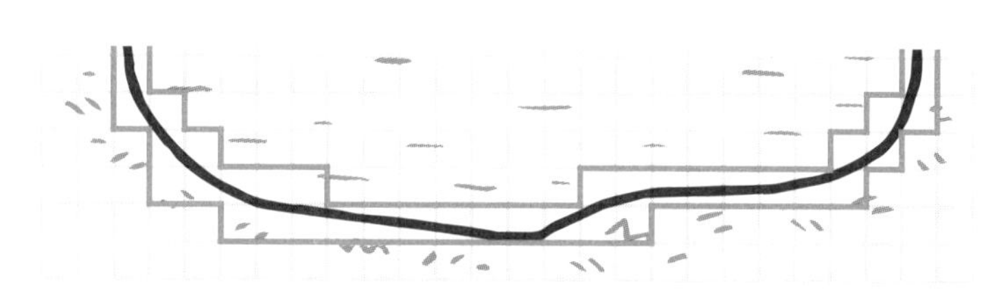

ところが形がいびつなので、正方形がしっかり含まれている箇所と、ギリギリ含まれている箇所があり、正確な面積を求めることはできません。ただし、境界を探っていくと、池の全体では次のように線引きできます。

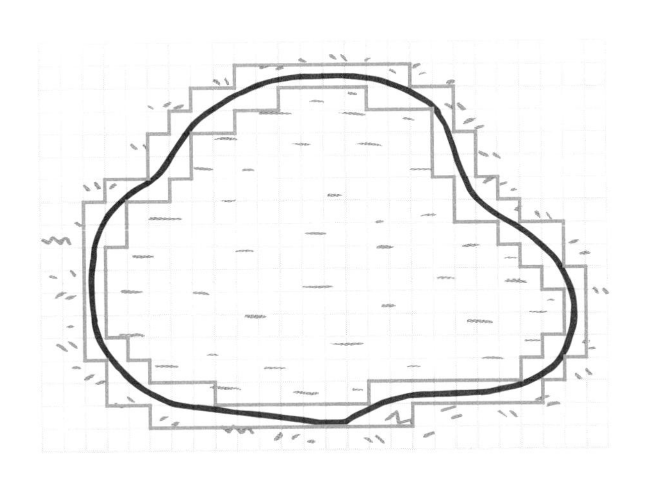

この外側の枠と、内側の枠の間に池の面積があることがわかります。そして、**正方形の方眼が細かいほど正確に線引きできる。つまり外側と内側の線が近づいていくので、より正確に面積を求めることができる**んです。

この考え方は愚直すぎるというか、泥くさい方法で、しかも**計算量が膨大なうえに、あくまで近似でしか面積は求められません。しかし、どんな図形でも使える**ので重要です。

そして、高校数学ではこの考え方が「積分」という「武器」になります。池の話がわかれば、小・中学生のみなさんでも積分を理解できますよ。実際にそういう類いの本もあるようなので、ぜひ手に取ってみてください。

でも、この考え方がどんな図形でも使えるからといって、もっと単純な図形、たとえば平行四辺形、三角形、円のようなものであれば、すばやく正確に、しかもかんたんに知りたいと思うのが人情であり、その“気持ち”を叶える「武器」を編み出してきたのが、算数・数学の発展の歴史です。

6歩目

三角形の面積 公式の証明と多角形への応用

小学生

三角形の面積の公式を証明する

四角形の次は、三角形の面積について考えましょう。

結論としての公式「底辺×高さ÷2＝三角形の面積」は、算数で教わると思いますが、もちろん「なぜそうなるのか」を考えます。

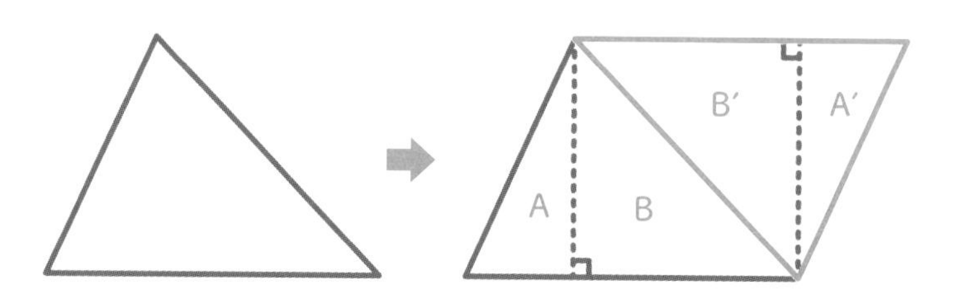

このように、同じ形の三角形をもう1つ組み合わせて平行四辺形を考えます。そして、A′を左に移動します。すると長方形ができますが、縦は三角形の高さと同じ、横は底辺と同じ長さですね。AとA′、BとB′は合同なので、もともとの三角形の面積は、長方形の面積の半分。よって、2で割る必要があるわけです。

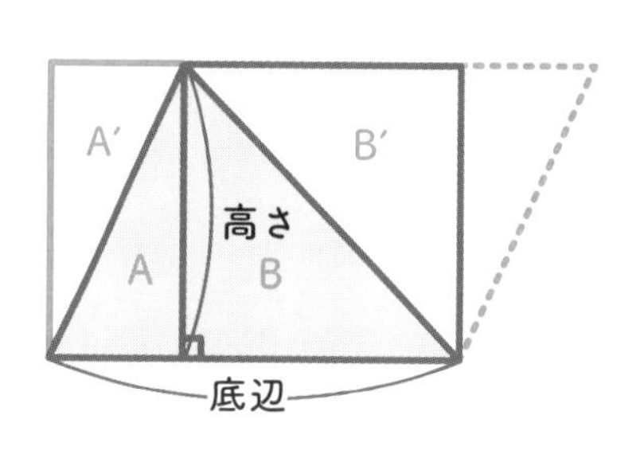

直感的には、こうも考えられます。

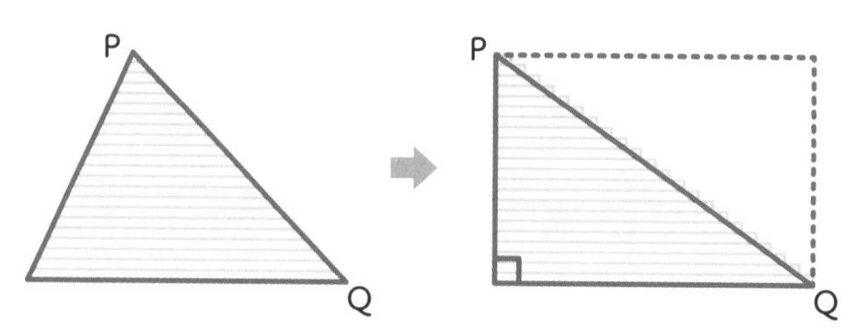

三角形を細かく切って、「底辺と直角の壁に向かってザッと寄せたら、だいたい長方形の半分だよな」というイメージですね。これは、いびつな池の面積を測る考え方のように、細かく切れば切るほど線分 PQ はなめらかになる点で、積分的でもあります。

本当に多角形は三角形に分けられる？

三角形の面積が求められるようになったなら、あらゆる多角形の面積を求められます。「多角形は、三角形に分けられるから」ですね。

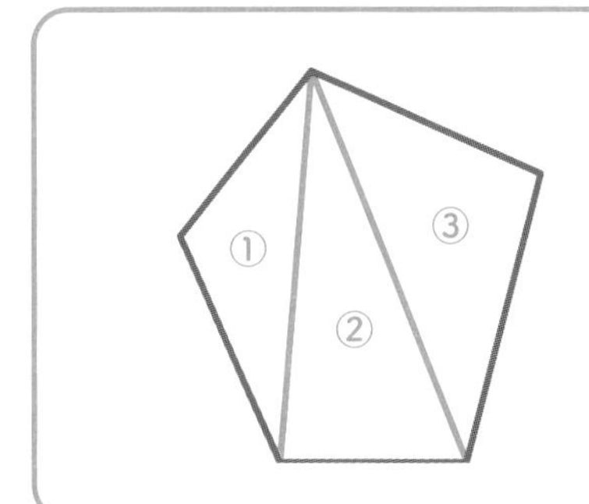

・面積は①＋②＋③

・角度（内角の和）は、三角形の内角の和180°×三角形の数（この場合は3つなので3）

このようにまとめて平和に話が終わってもつまらないので、問題です（笑）。

問題

「好きな1つの頂点を選んで、そこから他の頂点に直線を引けば、すべての多角形は、三角形に分けられる」。
この説明の誤りを正してください。

多角形は三角形に分けられると言ってきましたが、「本当に？　どんな場合でも？」ということを考えてもらいたい問題です。

「誤った説明」とされていることを図で表すと、たとえばこうです。

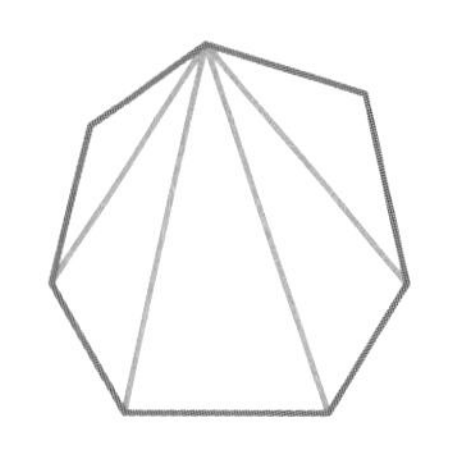

これは七角形ですが、１つの頂点から他の頂点に直線を引けば、確かに５つの三角形に分けられます。でも、この説明は間違っているというわけです。つまり反例があるので、**「この方法では分けられない多角形を探せばいい!」**と、目標が立てられれば問題をきちんと理解できています。ヒントは、「四角形のなかにもあります」。

言われてみれば「な〜んだ」という話かもしれませんが、凹四角形では頂点と頂点を結んだ線分が、図形の内部に入らないことがあります。下の図の左のような四角形と、その頂点です。

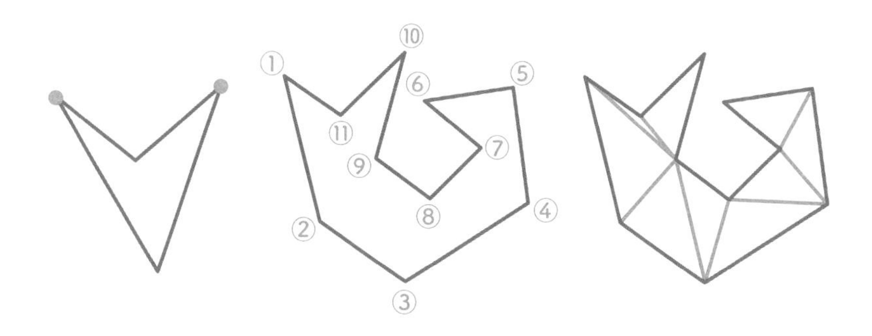

真ん中の図も凹のたくさんある 11 角形ですが、この場合はそもそも１つの頂点から直線を引くだけでも大変ですよね。でも、難しいことを考えずに線を引けば、右のように９つの三角形に分けることができます。

つまり、**多角形は確かに三角形に分けられるけれども、「どんな場合でも?」と問われたら、それを証明するのはけっこう難しい**んですね。さっきの説明は、「すべての角が 180° 以内の凸多角形であれば正しい」と言えます。このように、**与えられた説明や、自分が証明をする場合には、条件に気をつける**クセをつけましょう。ちなみに、「すべての多角形は三角形に分けられる」ことの証明は、高校数学以上の「武器」を使えば可能です。気になる人は、ぜひ「三角形分割」で調べてみてくださいね。

7歩目

円の面積の“限りなく正しい説明”

小学生

円の面積の公式を証明する難しさ

83ページでもお話ししましたが、円の面積を求める公式は、小学生では「半径×半径×円周率」、中学生では「πr^2」と教わります。ただ、「この公式なんで?」を考えると、けっこう奥深い話になります。

まず、「円周率」についてですが、これが何かをひと言で言える人って、じつは意外に少なかったりします。

円周率とは、「円周に対する直径の割合」なんですね。56ページですでに触れていますが、これは3.14159……という無理数で、計算が面倒になるので中学ではπとします。式で表すと、こうです。

$$\pi\,(\text{円周率}) = \frac{\text{円周の長さ}}{\text{直径}}$$

じゃあ、そもそもなぜこの式が成り立つのかというと、両辺に「直径」をかけてみればわかる通り「π×直径＝円周の長さ」だからです。これはどういうことか。**「円周の長さは、直径に比例する」**ということなんです。

比例の式は**「$y = ax$」**でしたが、aに相当するのがπで、これが一定だから直径に比例するんですね。113ページで学んだ通りです。

ならば今度は、「πは本当に一定なの?　3.14なの?」ということを本来は確かめるべきですがやや難しいので、一旦受け入れてください。

そこで、円の面積の話に戻ります。結論から言うと、**π の値を証明するのがやや難しい以上、πr^2 が円の面積であることを証明するのも、まあまあ難しい**んです。ただし、"限りなく正しい説明" はできます。

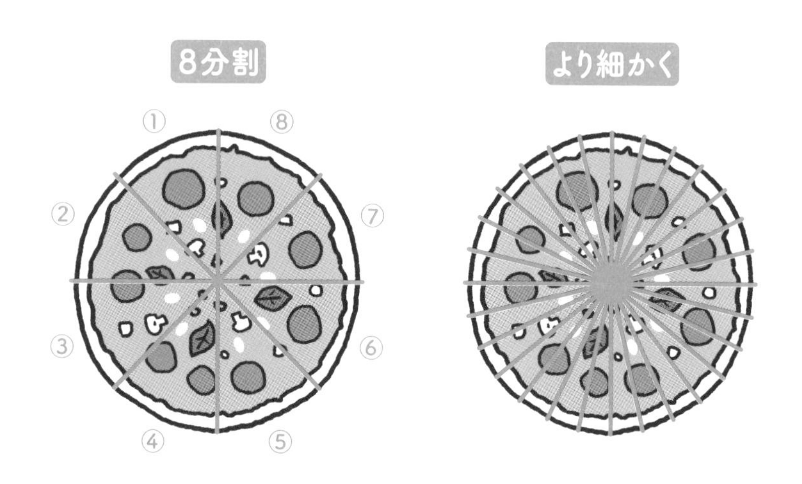

半径が r のピザを８分割、あるいはもっと細かく切ります。そして、切ったピザの上下を交互に並べます。

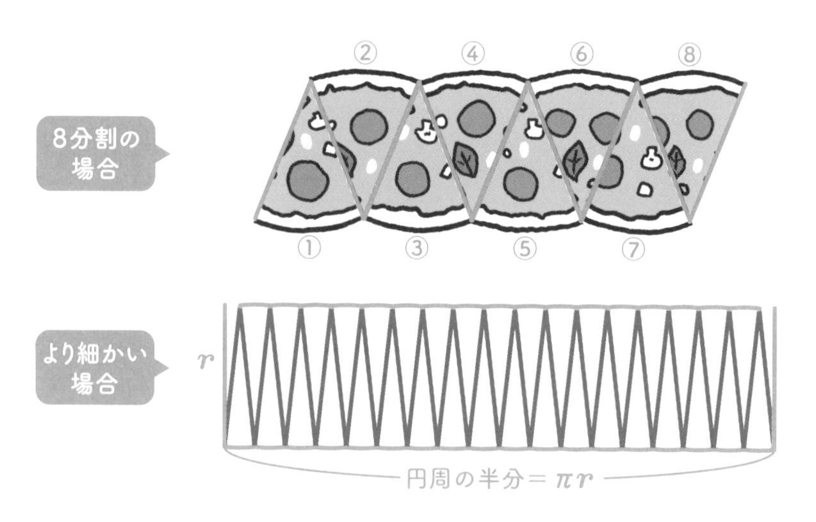

両者を比較すると、ピザを細かく切ったほうが長方形に近づくことがわか

ります。したがって、円を無限に細かく切れば、ほぼ長方形になると考えられます。

すると、縦の長さは r、横の長さは円周の半分 πr なので、もともと円だった長方形の面積を求めると、**「$r \times \pi r = \pi r^2$」** となるわけです。

ちなみに横の長さは「円周の半分」と言いましたが、この長方形の上下の横の長さを合わせたものが円周だからですよ。円周の長さはさっきお話しした通り **「$\pi \times$直径」**、直径は半径 r の 2 倍なので $2r$、よって **「$2\pi r$」** ですね。その半分なので πr です。

こんな考え方もできます。

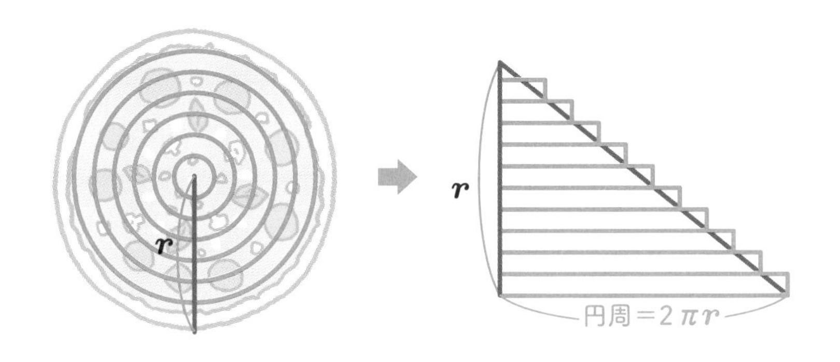

同じ中心からコンパスで円を描くようにピザを切り、さらに半径 r で切って分解すると短冊(たんざく)状になるので、それを並べます。

すると、この場合も細かく切れば切るほど直角三角形に近づいていきます。右の直角三角形の底辺の長さは、いちばん外側の短冊状のピザなので円周、つまり $2\pi r$、高さは半径 r です。

三角形の面積の公式に当てはめると、**「$2\pi r \times r \div 2 = \pi r^2$」** となりますね。

算数の教科書が問われた東大入試

問題

円周率が3.05より大きいことを証明せよ。

それでは満を持して、「序章」でチラッと登場した東大の入試問題を考えてみましょう。「π は本当に一定なの？　3.14なの?」を証明するのはやや難しいと言ったばかりですが、「じゃあ、せめてその値に迫ろう!」という問題、と見ることもできます。

じつは、この問題は「伝説」と評されるくらい有名で、今さら私が“ドヤ顔”で語るのはちょっと恥ずかしいのですが（笑)、これが伝説とされるゆえんからお話ししましょう。

それは、この問題を解くために必要な発想は小学生で教わる話、さっきのピザの話だからです。「発想」といえば天才的なひらめきが必要なのかというと全然そうじゃなくて、この問題では「円の面積の公式は当然知っていると思うけれど、なぜそうなるかわかる?　算数の教科書に載ってたけど憶えてる?」と、問われているんですね。

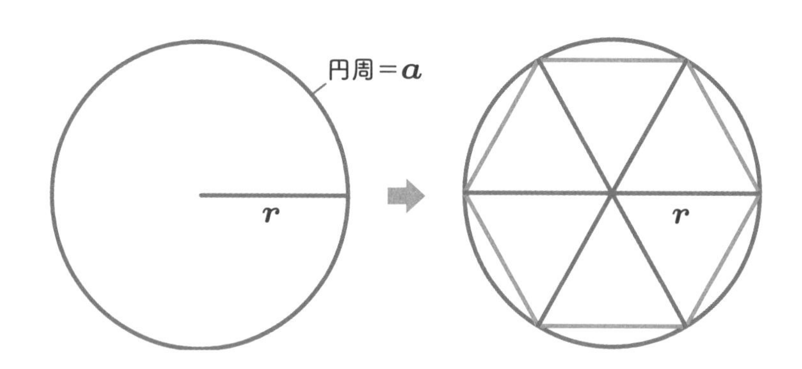

左の図のような円の半径を r、円周の長さを a とします。そして、それ

を6等分してみます。

さらに、円周との接点同士を結びます。すると、六角形と、6つの三角形ができます。

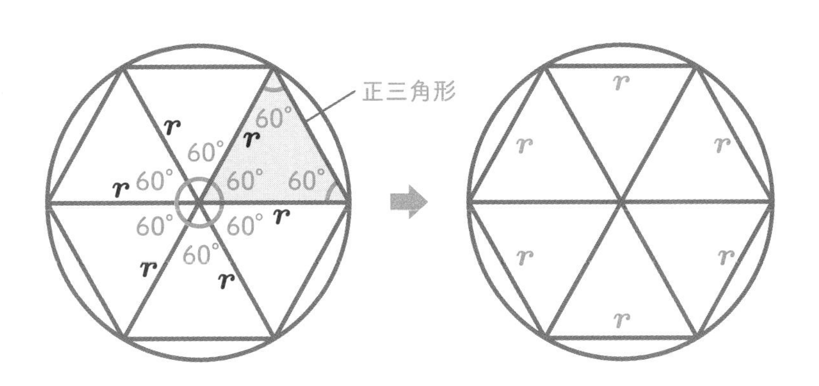

この6つの三角形は、1周360°の円を6つに分けているので、少なくとも1つの角度は60°ですが、この場合はほかの2角も60°、すなわち正三角形。よって、三角形のすべての辺の長さは、半径 r と同じです（2辺の長さが r の二等辺三角形ですが、三角形の内角の和は180°なので、ほかの2角の合計は120°。144ページで学んだ通り、二等辺三角形の底辺の両端の角は同じことから、それぞれ60°になります。正三角形は、3つの内角が60°であり、3辺の長さが等しいことから）。

ということは、この六角形の辺の長さは、r が6本分。つまり、$6r$ です。この $6r$ と円周 a の長さを比べると、$6r$ のほうが小さい（短い）ことはわかりますよね？　円周の内側にあるので。

よって、このような関係がいえます。

$$a > 6r$$

ただし、円周の長さとは $2\pi r$ でしたが、問題にある通り、仮に円周率 π が3.05だった場合、円周の長さは「$2 \times 3.05 \times r = 6.1r$」になるわけです。少なくともこれより大きいことを示さなければならないため、$6r$ では証明できないんですね。

また、$6r$ を仮に円周の長さ $2\pi r$ として見た場合、「$6r = 2 \times 3 \times r$」なので、π に相当する数は３です。実際にはこれよりも円周は長いので、とりあえず円を６等分した限りでは π、すなわち円周率は「3よりも大きい」とは言えましたが、やはり「3.05より大きい」とまでは言えてないんですね。

「ピザの切り方は、細かいほど精度が上がる」とお話ししましたが、結論を言うと８等分を試すと「円周率が3.05よりも大きいこと」を証明できます。今はできませんが、次の「８歩目」でいよいよお話しする「ピタゴラスの定理」を使えば、中学生でもなんとか証明できる問題なんですね。

高校数学で教わる「武器」を身につけていれば、もっとかんたんに証明できるようになります。「武器」が増えれば、やれることも増えるわけです。

Column

「無限」がキケンな話

私はこれまで、三角形やピザなんかを、折（おり）に触れて「無限」に切ってきましたが、この考え方はイメージをつかむうえで便利な一方で、危険もはらんでいます。たとえば、こんな問題があります。

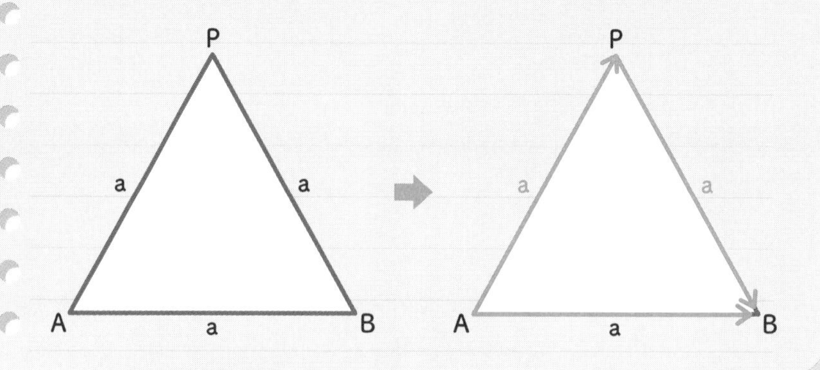

1 辺が a の正三角形があります。A から B の直線のコースは a、A から P を通って B に向かうコースは、2 回 a を通るので 2a ですよね。

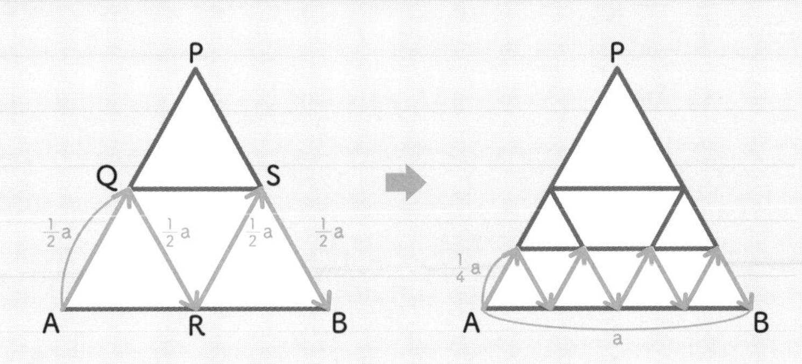

これを 1 回折り曲げると、左のような図になります。AQ は AP の半分なので$\frac{1}{2}$a ですね。では、A → Q → R → S → B と、3 回曲がるコースはどんな長さかというと、$\frac{1}{2}$a を 4 回通るので、やっぱり 2a です。

そして、右の図のように折り曲げて 1 辺が$\frac{1}{4}$a の正三角形を 4 つつくり、同じように 7 回曲がって B に着く道のりは、$\frac{1}{4}$a を 8 回通るので 2a になります。

これを「無限」に繰(く)り返すと、どうなるでしょうか?

「辺 AB に近づいていきます!」

そのはずですよね。でも、何かおかしくないですか?

「AB の長さは a……」

そうですね。もともと 2a だったものが、最終的に a に向かっていくのはおかしいわけです。

このように “無限理論” には、ときに危険が潜(ひそ)んでいるんですね。

8歩目

まとめとしての「ピタゴラスの定理」の証明

中学3年生

平行線上の三角形の性質

面積の話で1つ便利な「武器」があって、**「底辺を固定すると、平行線上につくる三角形の面積は等しい」**ことです。図で表します。

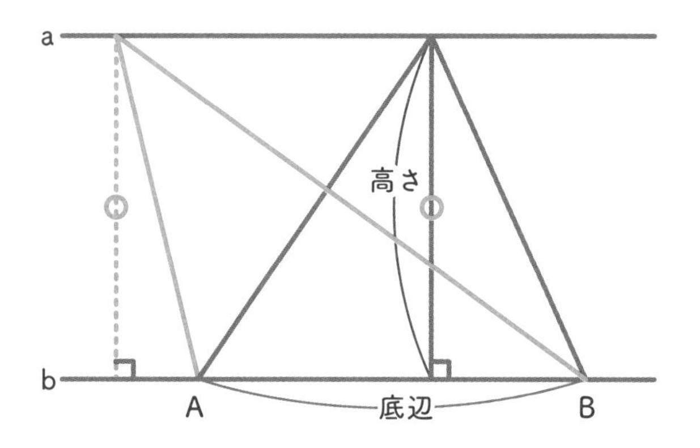

辺ABを底辺とする2つの三角形の面積は同じなんですね。三角形の高さが、直線aとbが平行なので同じだからです。底辺と高さが同じだったら「底辺×高さ÷2＝三角形の面積」も同じになります。

この三角形の性質は使える場面が多いので、憶えておくといいでしょう。88ページで「幅が一緒であれば、あぜ道はまっすぐだろうが傾いていようが同じ面積」という話をしましたが、これと同じ考え方です。

「ピタゴラスの定理」の“気持ち”

さて、ここまで図形のいろいろな性質を学んできました。それでサッカーのゴールの難易度を考えたり、長さがわかったり、面積がわかったりしましたね。面積を求める公式の証明にも、さまざまな図形の性質を用いました。

これからお話しする美しい定理、「ピタゴラスの定理（三平方の定理）」もそうです。これは長さを調べるのにとても使える「武器」ですが、証明するには、やはり図形の性質が役立ちます。

「序章」でも触れた通り、それは直角三角形の辺の長さの関係を表す、このような式でした。

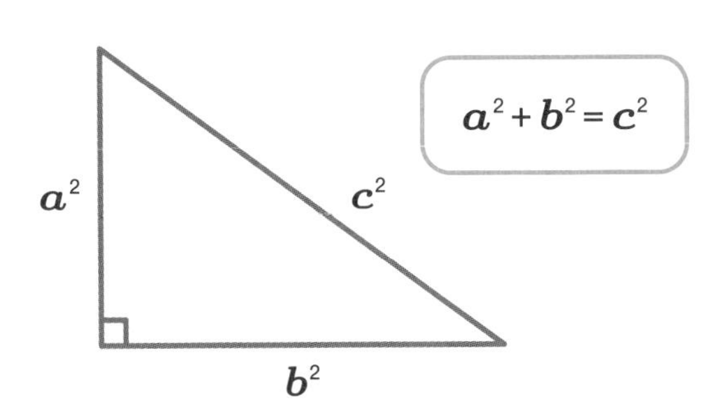

私がこの定理を美しいと思うのは、たとえば中点連結定理や円周角の定理は、証明するのは大変だけれど直感に反していない、つまり「なんとなくそうなりそうだよね」というのが見えます。

ところが、**ピタゴラスの定理は「なんでこれが成り立つの?」という驚きが先にくる**からなんですね。まあ、私だけかもしれませんが（笑）。

では、これがどのように生まれたのかというと、数学の歴史としては諸説（しょせつ）あります。ただ、「『$3^2+4^2=5^2$』のような関係が成り立つ数ってあるよね」「この関係が成り立つんだったら直角三角形になるよね」と、なんとなく知られていたのでは？　という説があります。

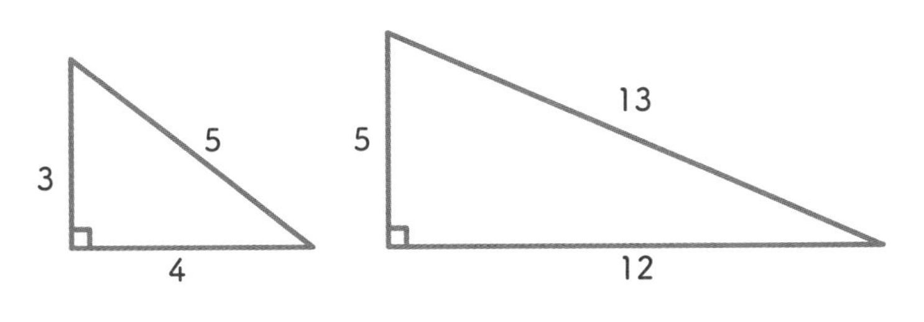

じゃあ、この関係が「特別な数でなくても使えるほうがいい」と考えるのは自然な発想でしょうし、私たちが**現実的に思う“気持ち”としては、「距離を測りたかったから」**というのもあるでしょう。

実際にピタゴラスの定理が証明された今となっては、たとえば地図上の2点をとって、たとえ定規を持っていなくても経度と緯度から距離を測ることができます（地球は丸いので誤差は出ますが）。

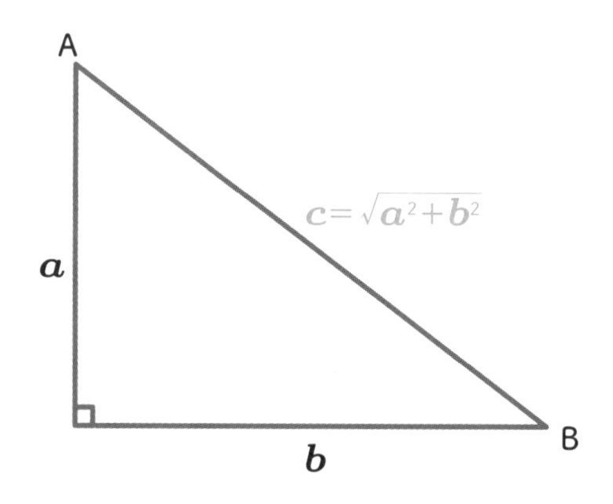

平方根で学んだとおり、たとえば「$2 = x^2$」の x は、「$\pm\sqrt{2} = x$」でしたよね？　同じように考えると、長さ「$a^2 + b^2 = c^2$」が成り立つのであれば、長さ「$\sqrt{a^2+b^2} = c$」といえます。このように、直角三角形の底辺と高さがわかれば、斜め辺の長さ c を求められるんですね。

あとは、これまで三角形の性質をたくさん学びましたし、149ページでは正方形の面積を考えましたが、じつは1辺が1の正三角形の面積には全く触れていないことに気づいていたでしょうか。本来であれば最初のほうにやりそうなことですよね？　それは、ピタゴラスの定理という「武器」がなければ高さがわからないからなんですね。

1辺の長さが1の正三角形ABCの
高さをaとする

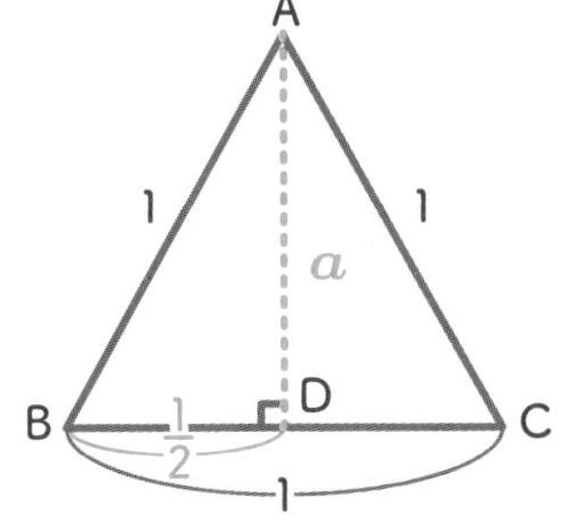

三角形ABDに
ピタゴラスの定理を使うと……

$$a^2+\left(\frac{1}{2}\right)^2=1^2$$

$$a^2=1^2-\left(\frac{1}{2}\right)^2$$ ← $\left(\frac{1}{2}\right)^2$を移項

$$\Rightarrow\ a=\sqrt{1^2-\left(\frac{1}{2}\right)^2}$$ ← $a>0$

$$=\sqrt{\frac{3}{4}}=\frac{\sqrt{3}}{2}$$ ← 高さがわかった!

⬇ 三角形の面積の公式に当てはめると……

$$1\times\frac{\sqrt{3}}{2}\div 2=\frac{\sqrt{3}}{2}\times\frac{1}{2}=\frac{\sqrt{3}}{4}$$ ← 正三角形の面積がわかった!

このように、**算数・数学を学ぶうえでピタゴラスの定理にお世話にならないことはない**くらいの大定理なんです。

三角形の性質と合同を使った証明

前振りが長くなってしまいましたが、そんな「武器」をより磨き上げるための証明の話です。ピタゴラスの定理は、たとえば解の公式などと比べると、シンプルすぎるがゆえに憶えやすいので、もはや「証明する必要がない」くらいに思ってしまいますが、もちろんそんなことはありません。

まずは、とても典型的な証明をしてみましょう。

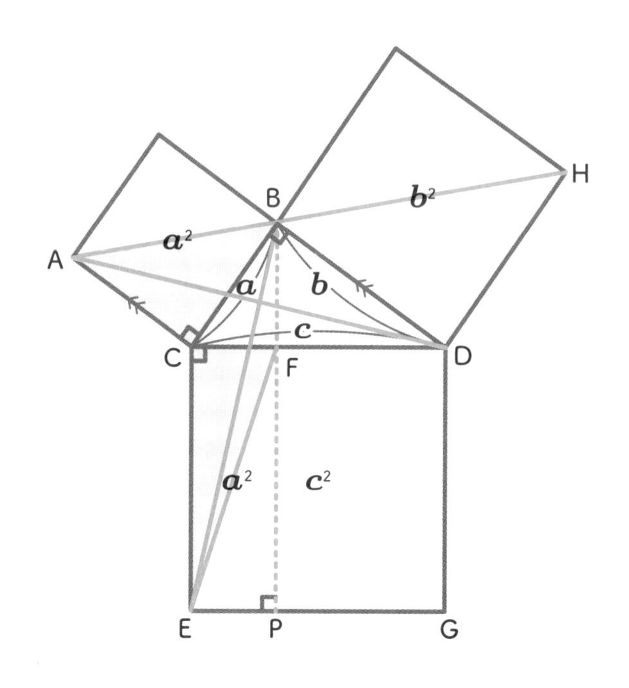

ピタゴラスの定理を証明するために憶えるべき“重要なカギ”は、この図です。どういう図かというと、辺の長さがそれぞれ a、b、c の直角三角形があり、各辺に対して正方形を描いています。

すると、各正方形の面積は a^2、b^2、c^2 ですよね。なので、**証明の方針は「面積 a^2 と b^2 を足すと c^2 になる」と言えること**です。そのために線分 BP を引き、「a^2 の正方形と四角形 CEPF が同じ面積、b^2 と四角形 DGPF が同じ面積だ」とする考えです。

先に種明かしをすると、三角形の合同条件と、さっきの「底辺を固定すると、平行線上につくる三角形の面積は等しい」性質をふんだんに使います。

まず、線分 AB を引きます。AC と BD は平行なので、AC を底辺とする三角形 ABC の面積と、ADC の面積は同じです。

次に、点 C を固定して、三角形 ADC をクルッと時計回りに回すと、三角形 BCE になります。合同ということです。なぜなら、正方形なので AC と

BC の長さが同じ、CD と CE も同様です。そして、角 ACD と角 BCE は同じ角度です。互いに 90°と角 BCD を共有しているからですね。三角形の合同条件「2 辺とその挟む角が同じ」なので、合同というわけです。

最後に、平行線上の三角形の性質を再度使います。CE と BP は平行なので、底辺を CE とする三角形 BCE と、FCE は同じ面積といえますよね?

もともとの出発点、三角形 ABC はどんな面積だったかというと、$\frac{1}{2}a^2$ でした。これと三角形 FCE が同じ面積だと導いたので、その 2 倍、「四角形 CEPF の面積は a^2 だ」と言えました。

これと全く同じ手順で「b^2 と四角形 DGPF は同じ面積だ」と言えます。まず線分 BH を引き、「三角形 HBD と、HCD が同じ面積だ」と言うわけですね。最後まではやりませんが、この方法で **「$a^2 + b^2 = c^2$」** を証明することができます。

面積と展開を使った証明

正方形の面積から証明することもできます。

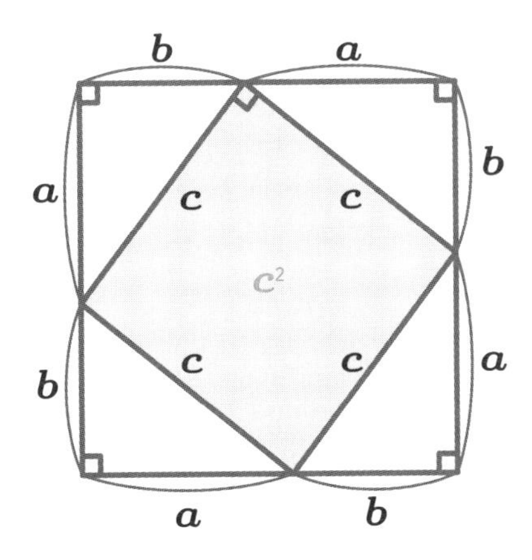

この図は、3 辺がそれぞれ a、b、c の直角三角形を 4 つ並べたもの

です。すると、正方形が２つできています。

大きい正方形の面積は **「$(a+b)\times(a+b)=(a+b)^2$」** です。

小さい正方形の面積は **「$c\times c=c^2$」** です。

直角三角形４つ分の面積は **「$a\times b\div 2\times 4=2ab$」** ですね。

そして、小さい正方形の面積は、大きい正方形の面積から直角三角形４つ分の面積を引いたものですよね？

よって、このような式が成り立ちます。

$$c^2=(a+b)^2-2ab$$ ⇐ 小さい正方形＝大きい正方形－直角三角形4つ分

$$\Rightarrow c^2=a^2+2ab+b^2-2ab$$ ⇐ 展開した

$$\Rightarrow c^2=a^2+b^2$$ ⇐ ピタゴラスの定理になった

この証明のほうがシンプルですね。ただ、いずれにしても**この証明の“重要なカギ”も、やはり最初の図**です。

基本的に**「証明の方法は１つ」ということはありません。**ピタゴラスの定理の証明は数百種類あるとも言われているので、今は「武器」が少ない小・中学生のみなさんでも、それが増えると、もっとべつの証明もできるようになりますよ。

Column

「東大の問題」ピタゴラスの定理で解決編

ピタゴラスの定理を手に入れたみなさんは、もし学校でそれを教わっていたら、セットでこんな直角三角形も教わると思います。

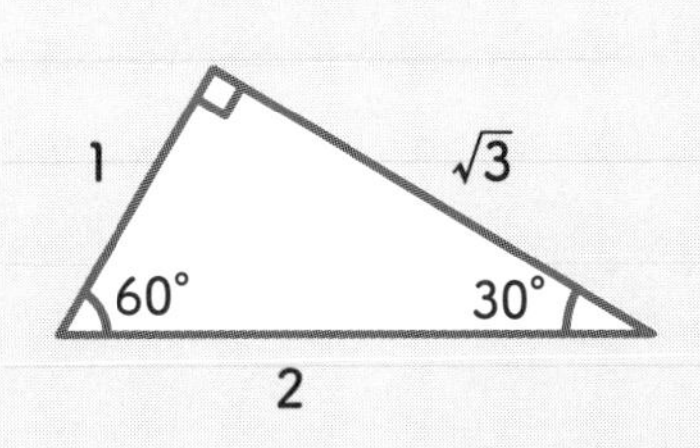

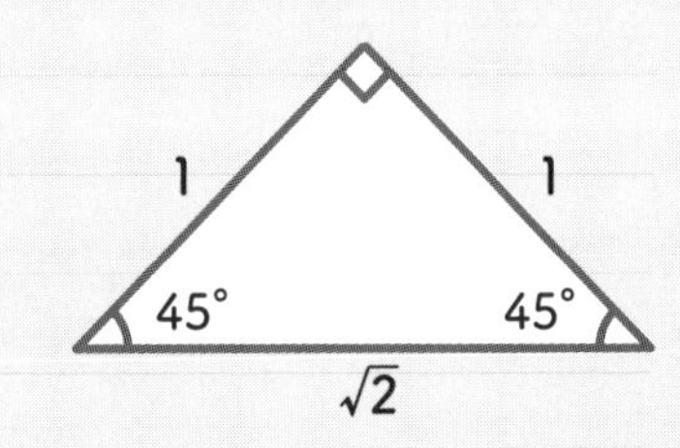

三角定規と同じ直角三角形です。

158 ページの東大の入試問題をピタゴラスの定理で解くために、右の直角三角形を心に留(と)めておいてください。

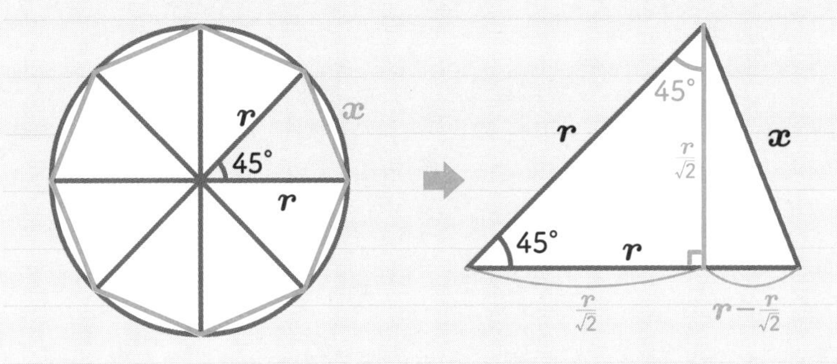

方針としては、円を 8 等分して八角形をつくり、x を求め、「その 8 倍より円周は長い」ことを示す流れです。

そこで x を含む三角形を取り出すと右の図になります。この三角形の高さを求めるために、さっきの 45° の三角定規が役に立ちます。

つまり、3 辺の比率は $1:1:\sqrt{2}$ でしたが、この場合いちばん長い辺が r なので 3 辺の比率は $\frac{r}{\sqrt{2}}:\frac{r}{\sqrt{2}}:r$ が成り立ちます。わからない人は適当に高さを a にして、「$a^2+a^2=r^2$」から a を計算しても同(どう)

様(よう)です。

ここまでくれば、x を含む三角形の３辺の長さがわかります。底辺は半径 r から$\frac{r}{\sqrt{2}}$を引いたものです。ピタゴラスの定理を使うと、このような式になります。

$$\left(\frac{r}{\sqrt{2}}\right)^2+\left(r-\frac{r}{\sqrt{2}}\right)^2=x^2$$

これは計算が少し面倒なので省略しますが、**「$x=\sqrt{2-\sqrt{2}}\,r$」**と出てきます。練習を積んでいれば中学生でも難なく求められます。

では、$\sqrt{2-\sqrt{2}}\,r$ がどんな値かというと、$\sqrt{2}$ はだいたい 1.414 なので、**約0.765r** です。これの８倍、すなわち八角形の辺の長さは**約 6.12r** とわかりました。

これが何を意味するかというと、仮に円周率が 3.05 の場合、159ページでやったように、円周の長さは **6.1r** ですから、本来はそれより短いはずの八角形の辺の長さのほうが長いのは、辻褄(つじつま)が合いません。

よって「円周の長さ a >八角形の辺の長さ**約 6.12r** >円周率 3.05 の場合の円周の長さ**6.1r**」なので、中学までの「武器」だけを使い、「円周率は 3.05 よりも大きい」と証明できるんです。

9歩目

相似だったら比率で体積や面積がわかる

中学3年生

「ホントに大盛り？」のワケ

大盛り

定食屋さんで「ごはん、大盛り」を頼んだり、「1.5倍増量中!」という商品を買ったりした際に、「あれ、意外と少ないなぁ」と思ったことはないでしょうか?

反対に、ラーメンだけでは物足りないから半チャーハンとのセットを注文してみたところ、「これで半分？　多い!」と思ったこともあるはずです（私はあります）。

こういうイメージと見た目のギャップが、なぜ生まれるのか。

数学を使えば、こんな日常のとっても小さな疑問だって解決できちゃう（笑）、というのが今回の話です。

上の図の普通盛りのごはんを、1.5倍に拡大したものが大盛りのごはんと考えてみましょう。つまり、相似の関係ですね。

ごはんの量というのは「体積（たいせき）」です。面積と同じような話になるのでこれまで触れていませんが、体積とは次のようなものです。

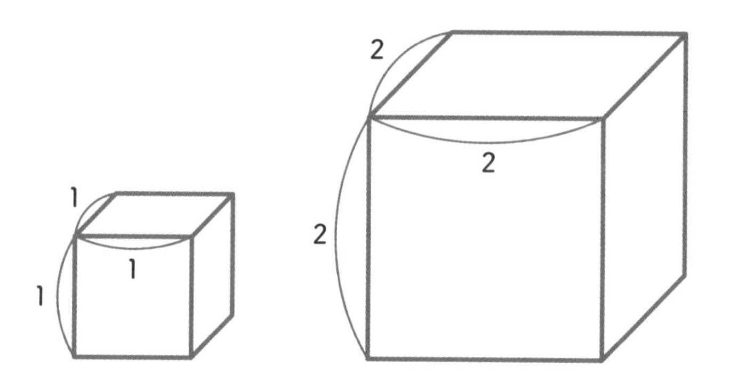

縦1、横1、高さ1の立体的な正方形、これを「立方体」といいますが、体積は「縦×横×高さ」で求められます。

それを２倍に拡大したのが右の図。この拡大した比率のことを「相似比」といいますが、２倍なので相似比は「1：2」です。

一方で、左の体積は「$1 \times 1 \times 1 = 1^3 = 1$」、右の体積は「$2 \times 2 \times 2 = 2^3 = 8$」ですね。

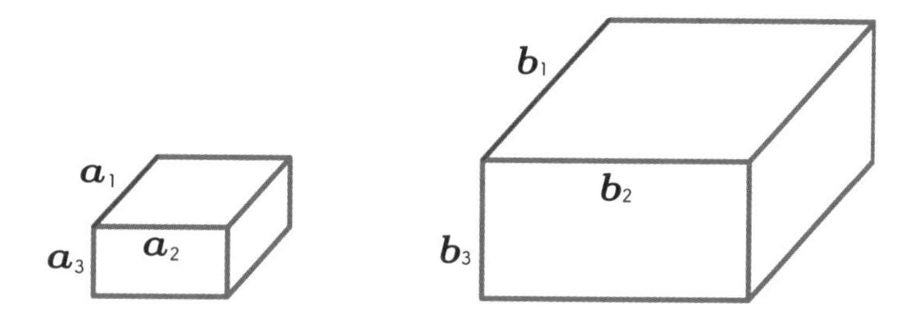

よって一般化すると、このような図形が相似だった場合、相似比が「$a : b$」なら、体積比は「$a^3 : b^3$」となるわけです。

「本当にどんな立体でもそう言えるの？」という疑問が、ていねいに読んでくださったみなさんであればあると思います。ただ、大学レベルの「武器」が必要になるので、ここではその証明は行いませんが、間違いなくどんな立体でも相似比と体積比の関係は成り立ちます。

そこで、さっきの「大盛り、少なくないか問題」を考えてみましょう。大盛りごはんの量、つまり体積が 1.5 倍だとすると、普通ごはんと大盛りごはんの体積比は**「1：1.5」**です。

体積比「$a^3 : b^3$」が、「1：1.5」なので

普通ごはん　　大盛りごはん

⇒ 相似比「$a : b$」は、「1：$\sqrt[3]{1.5}$」になる

すると、こんな関係が成り立ちます。52 ページで触れましたが、$\sqrt[3]{1.5}$ は 3 乗根といって、3 回かけたら 1.5 になる数という意味。この数を実際に計算するのは大変だし本題ではないので、答えを言うと、約 1.14 です。

ここで私が言いたいのは、相似比は**「1：1.14」**なので、**「大盛り、1.5 倍増量!」といっても、量ではなく相似比、つまり見た目のサイズはたったの 1.14 倍**。14% しか違わないんです。

数学的に考えると、「意外と少ないなぁ（ごまかしてるんじゃ?）」という疑いの正体がわかりましたね。まあ、そう見えても仕方ない、お店は悪くないということでした（笑）。

ちなみに、半チャーハンの場合はこうです。体積比は**「1：0.5」**なので、相似比は**「1：$\sqrt[3]{0.5}$」**です。$\sqrt[3]{0.5}$ は約 0.79。

つまり半チャーハンとはいえ、見た目のサイズは普通チャーハンの 80%くらいあるので、「多い!」と感じることもあるんですね。

いろいろな図形の「面積比」

体積比があるのであれば、もちろん「面積比」もあります。

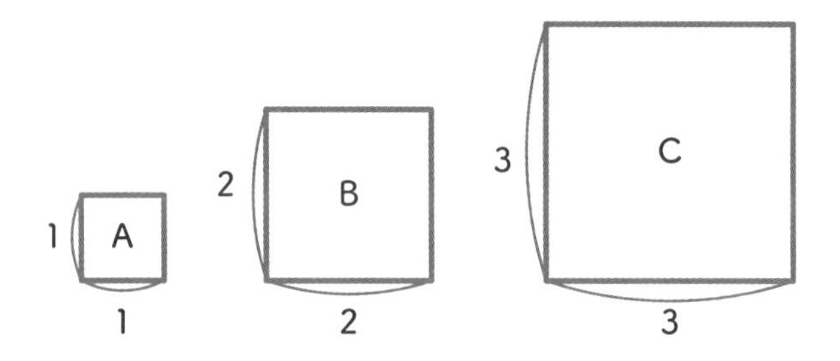

正方形ＢはＡの２倍、ＣはＡの３倍。つまり相似比は**「1：2：3」**です。面積比は**「$1 = 1^2 : 4 = 2^2 : 9 = 3^2$」**なので、これを一般化すると、**相似比が「$a : b$」であれば、面積比「$a^2 : b^2$」**といえます。体積では３乗でしたが、面積は２乗ですね。

ほかの図形でも成り立つか見てみましょう。三角形ではどうか。

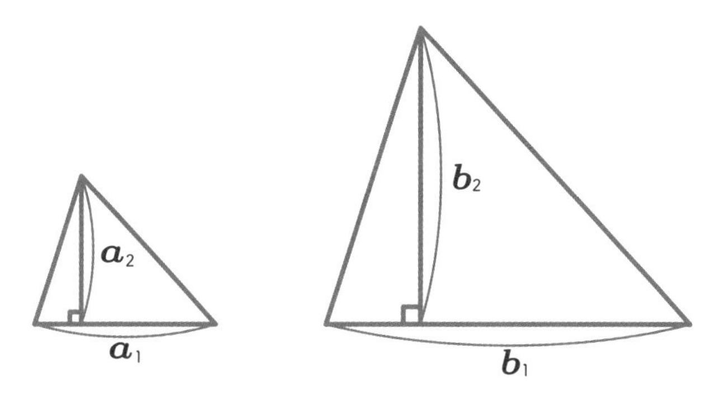

底辺の相似比は**「$a_1 : b_1$」**、高さの相似比は**「$a_2 : b_2$」**ですね。ただし、この２つの三角形は相似なので比率は同じ、つまり底辺が２倍なら高さも２倍になります。よって、**「$a_1 : b_1 = a_2 : b_2$」**です。

面積比は**「$a_1 \times a_2 \div 2 : b_1 \times b_2 \div 2$」**となりますが、これは大きさではなく比率なので、**「÷ 2」**を考える必要はなく、**「$a_1 \times a_2 : b_1 \times b_2$」**といえます。しかも、**「$a_1 : b_1 = a_2 : b_2$」**であるため、面積比としては**「${a_1}^2 : {b_1}^2$」**としても問題ありません。正方形と同じ結果になりましたね。

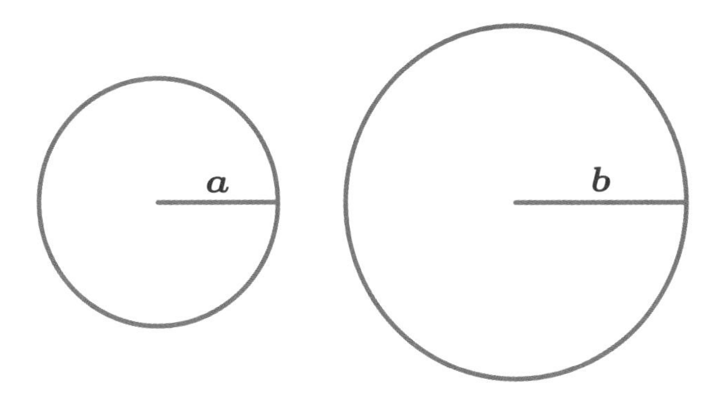

2つの円はつねに相似ですが、この場合の面積比はどうでしょう。相似比は「$\boldsymbol{a}:\boldsymbol{b}$」で、面積比は「$\boldsymbol{\pi a^2}:\boldsymbol{\pi b^2}$」となりますが、面積ではなく比率なので、共通する$\boldsymbol{\pi}$は無視して「$\boldsymbol{a^2}:\boldsymbol{b^2}$」といえます。

やっぱり正方形と同じ結果でした。

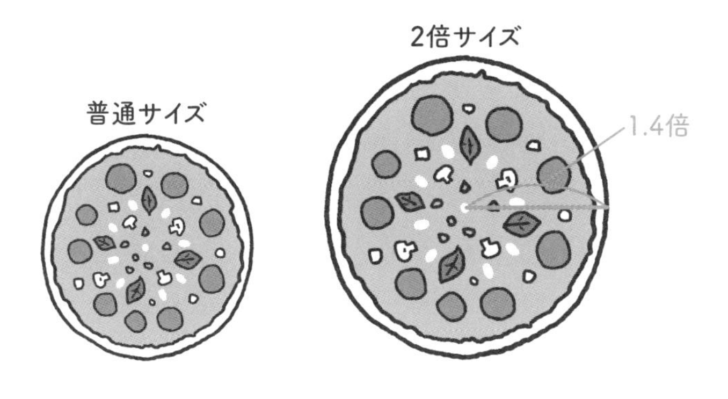

ちなみに、「ピザ2倍!」というサービスがあったとすると、面積比は**「1：2」**だから、相似比は**「1：$\sqrt{2}$」**です。

みなさんもうご存知の通り、$\sqrt{2}$は約1.41なので、「半径はだいたい通常サイズの1.4倍くらい」と思っておけば、見たときに「全然2倍もない!」と憤慨（ふんがい）することはないですね（笑）。

<図形の道>は以上です。高校数学ではどんな進化をしていくかというと、

たとえばピタゴラスの定理は直角三角形の話でした。

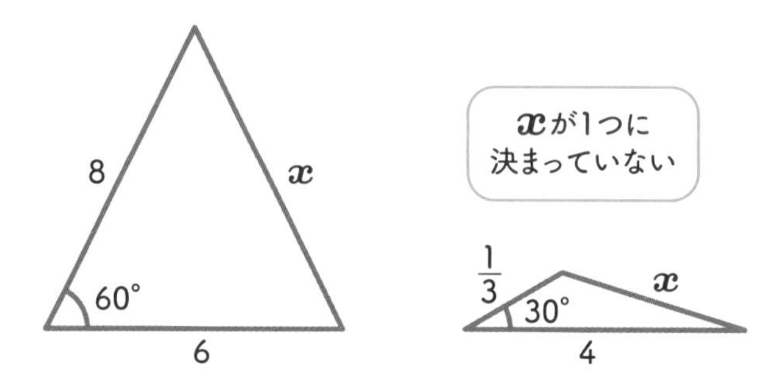

でも、こんな三角形でも「辺の長さが知りたい！」という“気持ち”をもった人が、その方法を発明しているので、そういう新しい「武器」を獲得できます。

あるいは、いろいろな図形を切り刻んできましたが（笑）、それが積分の話に広がることをすでにお話ししました。

そして、積分とセットで語られることの多い「微分」という「武器」もあります。中学までの範囲では、図形の性質として角度、長さ、面積、体積を学びますが、微分によって「接線」などの性質もわかるようになるんですね。

ほかにも「ベクトル」「行列」「複素数平面」「座標平面」といったアプローチから、図形に対してやれることが増えていきます。

そもそも＜図形の道＞は、「一本の道」というよりも、「いろんな図形の道」だったと思います。

だからこそ、高校ではいろいろな方向に拡張していきますので、それぞれの図形の理解を深めておきましょう。

第5章

なぜか誤解され、間違える。それが「確率」

中学2年生

落とし穴と、都合のいい解釈に注意

「確率」は、日常生活のなかでも勝負事とか、お金儲(もう)けとか、人がとくに熱中しやすいものと関係があり、そこにある“気持ち”や運や可能性を、数学的に考える話です。なので、図形なんかより興味がある人も多いのではないでしょうか（笑）。

まずは、サイコロを使って確率の超基本の話をしましょう。

1～6の目があるサイコロは、なんの細工もしていない、イカサマのないものだったら、たとえば1は、6回に1回の割合で出ることはわかると思います。運や可能性という要素が絡むときに**「どのくらいの割合で、あることが起こるか」、これが確率です。**

とっても当たり前のことを言っていると思われるでしょうが、それなのにみなさんよく誤解し、間違えるのも確率なんですね。非常に損をしていると思います。**見方を変えると、確率には落とし穴が多い**ので、気をつけなければなりません。

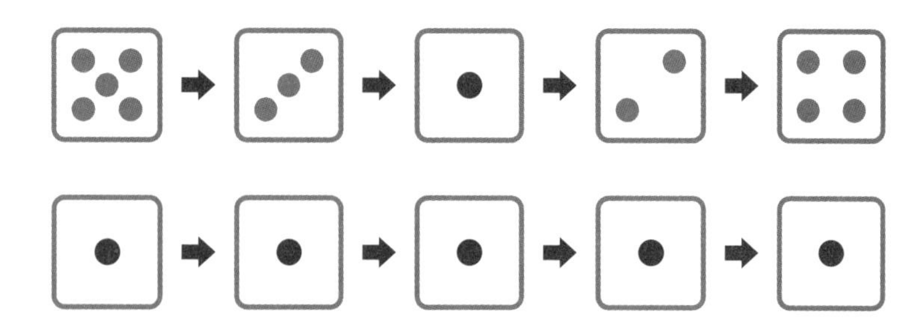

1つのサイコロを5回振って、上のように「5→3→1→2→4」と、順番に出たら、「次は6か?」というと、そうじゃないですよね。6回に1回の確率とは、6回やったら1回出ることではありません。

あるいは、下のように「1→1→1→1→1」と続いたら、次は「1以外?」でもないです。

「そんなの当たり前でしょ!」と思ったとしても、このサイコロの出目を見て、「流れ」とか、「まだ出ていないから次は出る」とか、自分にとって都合がいい“気持ち”を優先して思考停止するのが人間の性なんですね(笑)。

勝負事で負けが続いたとして、「次は勝つ!」みたいなことからも、確率の誤解が生まれます。

これがスポーツの話だったら、「流れ」には人間の行動や、もっと複雑な要素がたくさん絡んでくるので、一概に「流れなんてない」とは言い切れません。それは、確率の話ではないからです。

もちろん「1→1→1→1→1」のように偏ることはありますが、イカサマが疑われるような偏りがある場合は、高校数学で学ぶ「統計」が検証に役立ちます。ただ、あくまで確率としては、そういう偏りは起こり得るし、計算をすれば数値としても出てきます。

以上のことから、**確率とは自分の直感に反することも起こりますが、超基本の大原則は割合**です。割合なので、計算すれば値が出てきます。それ以上でも、以下でもないんですね。

よって＜確率の道＞は、さまざまな状況において、正しい確率を計算するための「武器」を身につける＜道＞です。

「同じ程度か」ということに敏感になろう

中学2年生

割合は分母を間違うと、間違う

「成功するか、失敗するかなんだから、確率は50％だ！」

「生きるか、死ぬか、半々だ……」

こんなセリフ、耳にしたことってありますかね？　自分を鼓舞(こぶ)したり、慰(なぐさ)めたりする意味で、冗談で言っているのであればいいんですが、真剣(しんけん)にそう考えているとしたら、とんでもないことですよ。そもそも「成功」と「失敗」が、同じように起こるわけがないからです。

数学的には、ちょっとまどろっこしい表現ですが、「同様に確からしい」ことを無視した暴論(ぼうろん)です。**同様に確からしいとは、「同じ程度で起こるか」ということ。**

これを踏まえて、次の問題を考えてみましょう。

問題

2枚のコインを投げて、2枚とも表になる確率は？

もっとも多い間違いは$\frac{1}{3}$という答えです。どう間違っているかというと、コインのパターンをこう考えたからです。

①<表・表>　②<表・裏>　③<裏・裏>

でも、①②③は本当に「同様に確からしい」か、「同じ程度か」という点で検討すると、落とし穴にハマっているんですね。そう、本来は②のパターンには<裏・表>も含まれます。つまり、間違った考え方の場合、②が①や

③より、2倍の程度で起きるのを見落としているんです。

よって、<表・表>になる確率は、同様に確からしい4パターンのうちの1つなので$\frac{1}{4}$、25%が正解です。

では、次の問題はどうでしょう。

? 問題

Aさんには子どもが2人います。「男の子はいますか？」と尋ねると、「いますよ」ということでした。2人とも男の子の確率は？

念のため、男女は同じ確率で生まれるわけではありませんが、今回は同じと考えてください。

さっきの問題よりは難しいです。「6歩目」でもやりますが、この問題は「条件つき確率」といって、「2人のうち1人は男の子」という条件があります。そのうえで「もう1人も男の子である確率は?」と問われていて、そこに落とし穴があるからです。

では、1人は男の子なので、「男・男」「男・女」の2パターンは同じ程度でしょうか？　そうであれば、答えは50%になりますね。でも、そうではありません。コインの問題のように「女・男」のパターンがあります。順番をつけるならば、姉と弟の場合も、兄と妹の場合も同じ程度です。

じゃあコインと同じ考え方だから25%かというと、これも違いますよね。そう、条件によって「女・女」の可能性がないからです。

よって、この問題において同じ程度で起こっているのは、「男・男」「男・女」「女・男」の3パターンであり、そのうち2人とも男の子である確率は$\frac{1}{3}$、約33%が正解になります。

「確率とは、割合の問題」でしたが、だからこそ、どんな数を分母にするかを見誤(みあやま)ると、正しい計算ができません。分母に細心(さいしん)の注意を払うべきなんですね。

3歩目

「樹形図」悩むくらいなら書き出そう

中学2年生

大変だけれど、とにかく確実

次はとっても身近な勝負事、じゃんけんの話です。

2人でじゃんけんをして、あいこになる確率はわかるでしょうか？　これは、すぐわかりますね。お互いに同じ手を出す確率は$\frac{1}{3}$です。

では、3人でじゃんけんをしてあいこになる確率はどうでしょう。パターンが増えるし、全員が違う手の場合もあいこになるので、ちょっと複雑な感じがします。

そんなときに確実な「武器」が、**「樹形図（じゅけいず）」** です。言ってしまえば「全部書き出してみよう!」というものですが、これは確率において、地味ながらとても使える「武器」です。

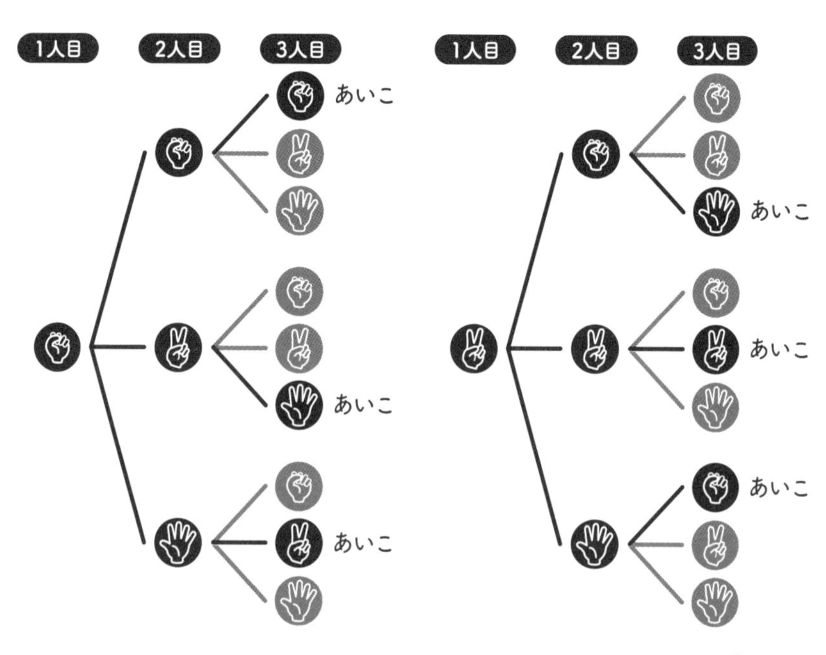

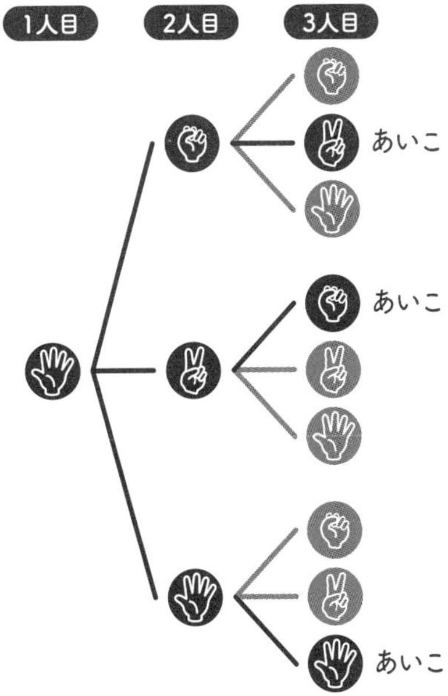

1人目 2人目 3人目

あいこ

あいこ

あいこ

このように3人のじゃんけんでは全部で27パターンの結果があり、それぞれが出現（しゅつげん）する確率は同じです。あいこになるのは全員が同じ手か、違う手のときですが、それは9パターンあります。ということは、あいこになる確率は$\frac{9}{27}=\frac{1}{3}$です。

あれ？　2人のときと同じ確率ですね。けっこう多くのみなさんが、あいこになる確率は上がると思っていたんではないでしょうか。多人数でじゃんけんをすると、なかなか終わらない経験をしたことがあるはずだからです。

でも、このように計算してみると、経験による「直感と違った」なんてことが、確率の世界ではよく起こります。じつは4人でじゃんけんをすると、あいこの確率は$\frac{39}{81}=\frac{13}{27}$となり、だいたい半分くらいはあいこ。確率は上がるんですね。以降は、どんどんあいこの確率が上がります。

実際に書き出すのは大変でしょうが、慣れてくるとすべて書く必要はなくなってきます。さっきの3人じゃんけんの場合、1人目がグーのときの9パターンを見ると、2人目が何を出そうがあいこになるのは1パターンだと気づきます。だったら残りの9×2パターンも同じではないか、だったら結果は$\frac{1}{3}$ではないかと、傾向をつかめるようになってくるからです。

連続する確率と樹形図

樹形図は、同様に確からしい場合でなくても使えます。

第1章 数の道
第2章 方程式の道
第3章 関数・グラフの道
第4章 図形の道
第5章 確率の道
第6章 整数の道
第7章 論理・証明の道

問題

Aさんと B さんがあるゲームをします。Aさんが勝つ確率は80%です。このゲームを3回やった場合、Aさんが勝ち越す確率は？

3回やって、2回以上Aさんが勝てば勝ち越しですね。では、さっきと同じように樹形図を書いてみましょう。

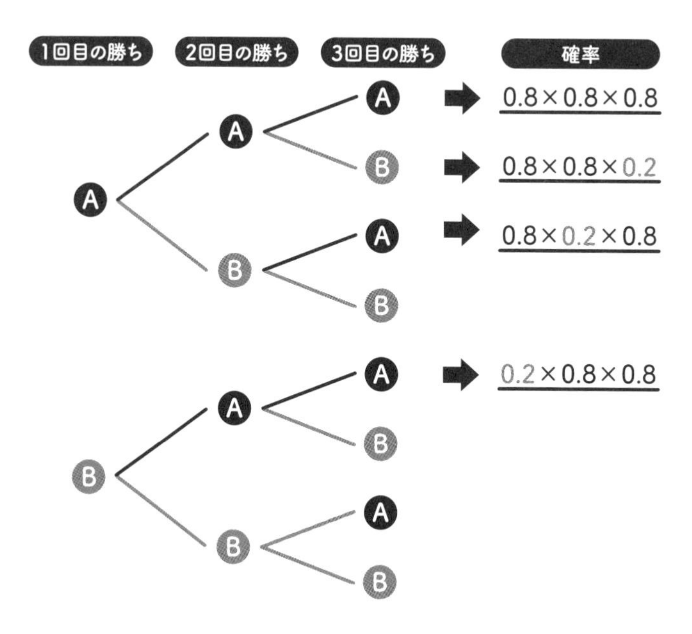

全部で8パターンの決着があり、Aさんが勝ち越すパターンは半分の4パターンです。仮にこれが同様に確からしいのだったら、Aさんが勝ち越す確率は50%ですが、今回は違いますね。

どのように考えるかというと、1回の勝負でAさんが勝つ確率は80%でした。たとえば、いちばん上のAさんが3連勝する場合には、**「0.8×0.8×0.8」**が、このパターンの確率になります。

「なぜ、かけ算するの?」という疑問があると思います。**「確率の積（せき）の法則」**というものがあり、このような考え方です。

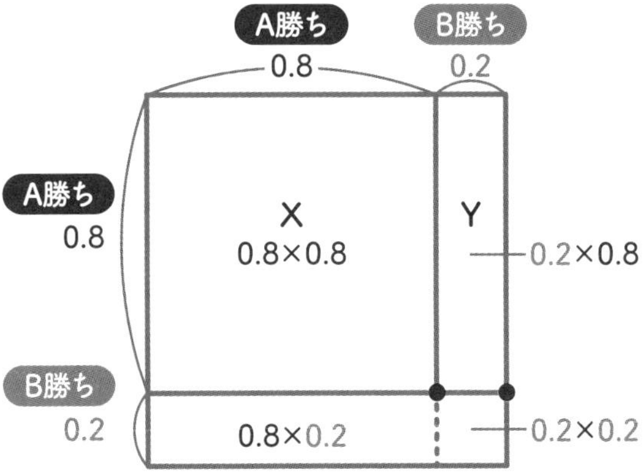

A勝ち 0.8
B勝ち 0.2
A勝ち 0.8
B勝ち 0.2
X
0.8×0.8
Y
0.2×0.8
0.8×0.2
0.2×0.2

連続する確率の場合、1 試合目の結果を「横」、2 試合目の結果を「縦」で考えると、たとえば A さんが 2 回勝つ場合は「面積 X」、1 試合目に B さん、2 試合目に A さんが勝つ場合は「面積 Y」、つまり「縦と横のかけ算」で考えられるという法則ですね。**「積」とは、かけ算の答え**のことです。

なお、この**正方形は全部で「1」という、すべての確率を表しているので、面積はその割合**です。

最終的には、A さんが勝ち越す 4 パターンの確率をすべて足す必要があります。したがって、**「(0.8 × 0.8 × 0.8) + (0.8 × 0.8 × 0.2) + (0.8 × 0.2 × 0.8) + (0.2 × 0.8 × 0.8) = 0.896」** となり、A さんが勝ち越す確率は 89.6%です。

この問題の教訓(きょうくん)は「強い人と勝負する場合は、一発勝負がいい」ということですね（笑）。長い勝負を挑(いど)むほど、負け越す確率は上がるので。

4歩目

「それって何通り？」意外と奥深い「場合の数」

中学生〜高校生

“個性”はさておき、正しい数を知りたい

「何通りか」のことを、数学では「場合の数」といいます。

また、確率とは「どのくらい割合で、あることが起こるか」でしたが、「何通りか」はその分母にあたるので、「2歩目」でもやったように正しい確率を求めるのには欠かせない「武器」です。

樹形図では「何通りか」を全部書き出しましたよね？　ここでは**「何通りか」を計算で**求めたいと思います。

問題

このような碁盤（ごばん）の目の道があります。最短でスタートからゴールまで行く道順は、何通りあるでしょうか。

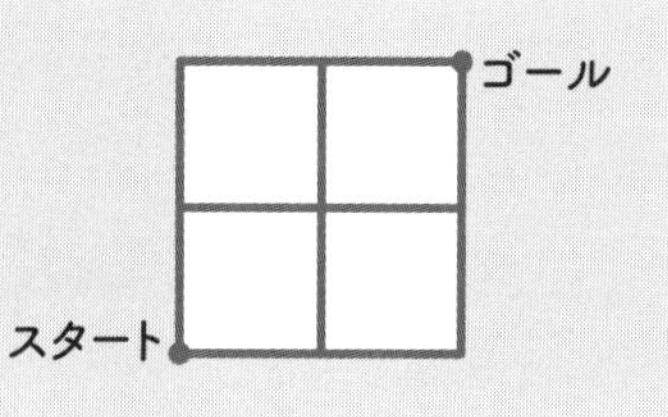

「最短で」とあるので、通った道を戻ったり、遠ざかったりする方向に進むべきではありません。つまり「上か、右にだけ進む道順は何通りか」を考える必要があります。すると、以下の方法があります。

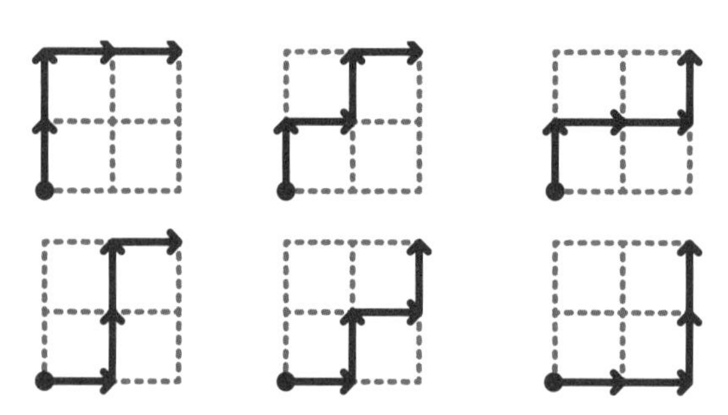

このような６通りですね。

では、これを踏まえて次の問題はどうでしょうか。

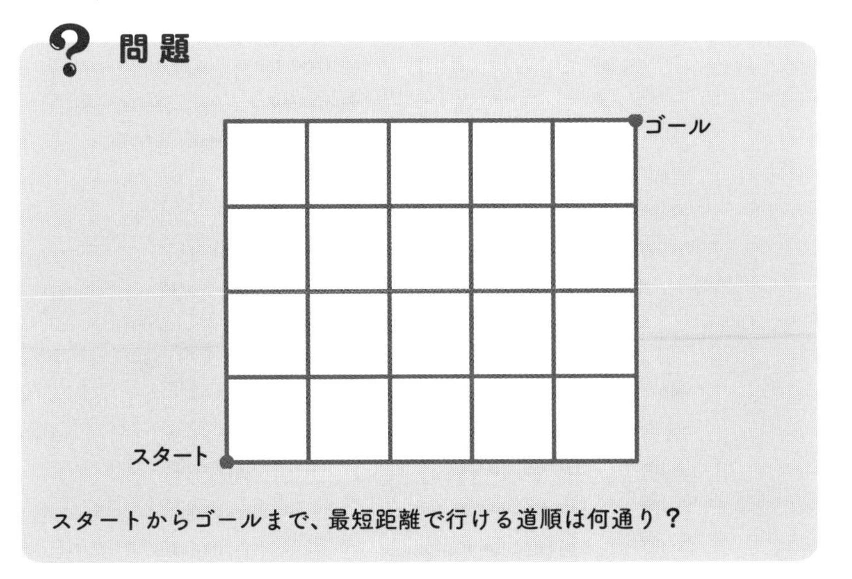

さっきのように１つずつ調べようにも、けっこう大変そうですよね。そこで、こう考えてみます。

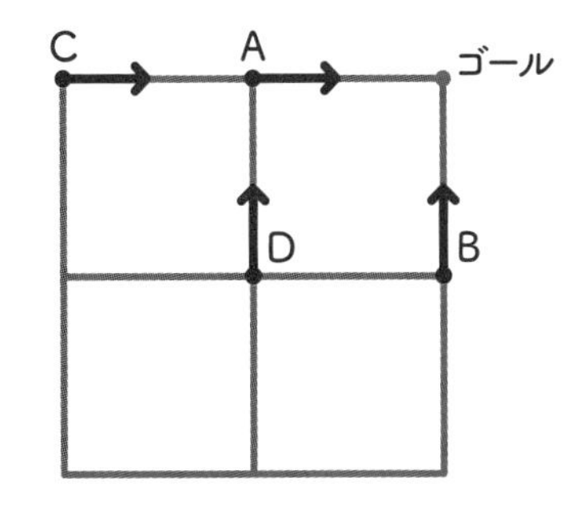

ゴールに着くには、ＡかＢを通るしかありません。ということは、Ａに行く道順とＢに行く道順を足せばいいんだとわかります。

ではＡに行く道順はどうかというと、ＣかＤを通るしかないので、Ｃに行く道順とＤに行く道順を足せばいいんです。

したがって、スタートに近い地点から順に足し算していけば、最終的にゴールまで何通りあるかが求められるんですね。

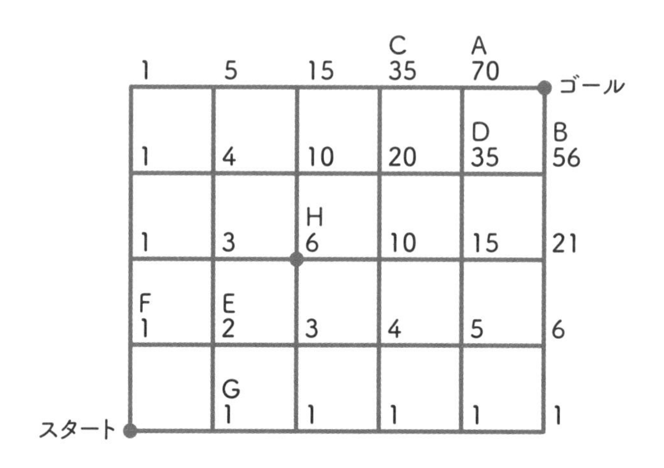

スタート地点から上にまっすぐ行く道順と、右にまっすぐ行く道順は、1 通りしかありません。では E への道順は何通りかというと、F と G に行く道順がそれぞれ 1 通りなので、足して 2 通りです。

このように足した数を書き入れていきます。H は最初の問題のゴールと同じ位置ですが、確かに 6 通りになっていますね。

そうやって足していくと、結局 A に行く道順は 70 通り、B に行く道順は 56 通り。そして、これらを足した 126 通りが、ゴールまでの最短距離の道順の数になります。けっこう多いですね。この数だと 1 つずつ道順を数える方法ではかなりの時間がかかるだろうし、見落としや重複（ちょうふく）があっても気づきにくいでしょう。

この「武器」でもっとも**感動すべきポイントは、たとえば 6 と書いてしま**

えば、本当はそこに至る道順はそれぞれ異なり、“個性”があるのに、それを全部無視できること、「同じ状態をまとめている」ことです。

高校数学ではこの考え方がより進化して、問題をこのように言い換えて考えます。**「右に5回、上に4回動いてゴールに行けるのは何通り?」**と。これを「$_9C_4 = \frac{9 \times 8 \times 7 \times 6}{4 \times 3 \times 2 \times 1} = 126$」として計算するんですね。

ちなみに、さっきの足していく考え方は、きれいな碁盤の目でなく、途中で通れない道があっても大丈夫です。

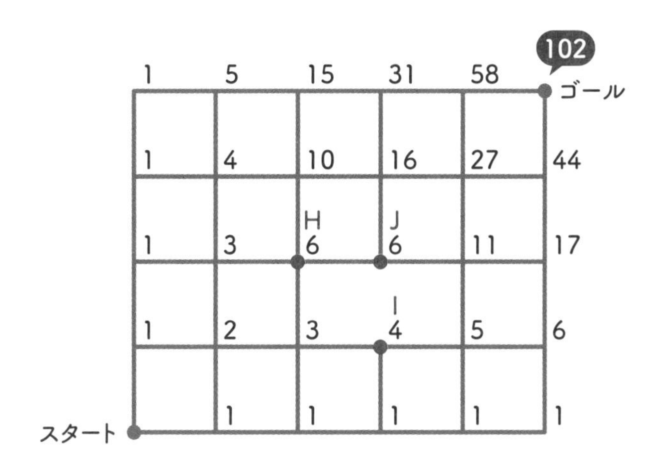

IからJに行く道がないので、Jへの行き方はHとIを足せません。したがって、Hまでの道順の数そのままで、6通りです。

あとは同じように足していき、最終的にゴールまでの道順は102通りと求められます。

もれなく、かぶりなく

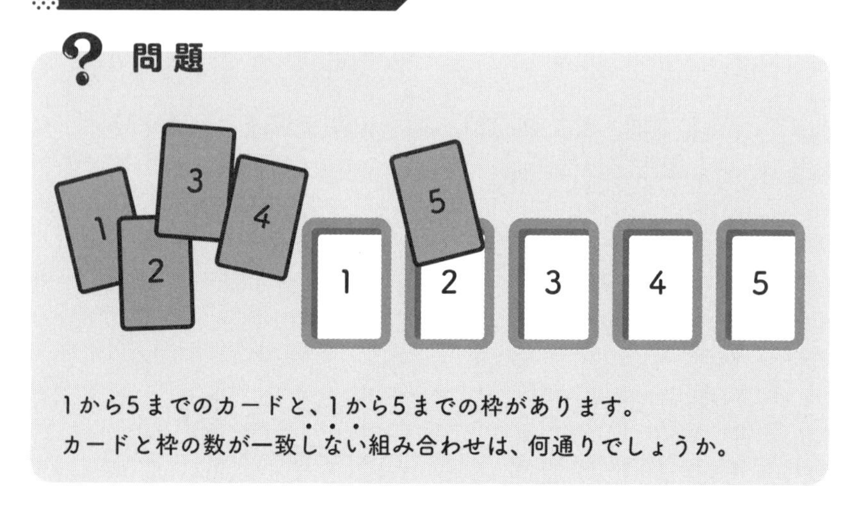

問題

1から5までのカードと、1から5までの枠があります。
カードと枠の数が一致しない組み合わせは、何通りでしょうか。

「何通りか」の問題なので、これも場合の数の話です。この問題から学んでほしいのは **「もれなく、かぶりなく整理する」** こと。

これは樹形図を書き出すときにも大事なんですが、たくさんの場合を数えるための基本で、そのために**自分の中のルールを決める**必要があります。代表的なやり方の１つは「辞書順」。すなわち、数の小さい順から数えると決めて、整理します。

たとえばこの問題の場合は、いちばん左を１とすると、カードと枠の数が一致するからダメなので、１の次に小さい数、左が２の場合から順に、条件を満たす数の並びを、辞書順に書き出してみましょう。

先頭が2	先頭が3	先頭が4	先頭が5
21453	31254	41253	51234
21534	31452	41523	51423
23154	31524	41532	51432
23451	34152	43152	53124

23514	34251	43251	53214
24153	34512	43512	53412
24513	34521	43521	53421
24531	35124	45123	54123
25134	35214	45132	54132
25413	35412	45213	54213
25431	35421	45231	54231

小さい順に各 11 通りが並んでいるので、全部で 44 通りです。ただ書き出しただけですが、そこに自分で決めたルールがあるおかげで、もれや、かぶりに気づきやすく、**他人に対しても「これで全部です」と明快に説明できます**。

「とりあえず『31254』はいけるな」「で、『43152』も OK だな」と、手当たり次第にやっていると、いつ終わるのか、本当に全部なのか、確信がもてません。

やはりルールを決めておかないと、もれなく、かぶりなく何通りかを数えるのは、意外と難しいんですね。

包除原理

「4 歩目」は、「何通りか」を計算で求めると最初にお話しした通り、さっきのカードと枠の問題も計算で解けます。ただし、高校数学の計算が必要なため、その考え方だけお話しします。

カードと枠の問題を言い換えると、「『1 の枠に 1 がない』『2 の枠に 2 がない』『3 の枠に 3 がない』『4 の枠に 4 がない』『5 の枠に 5 がない』、これら全部の条件を満たすのは何通り?」となります。

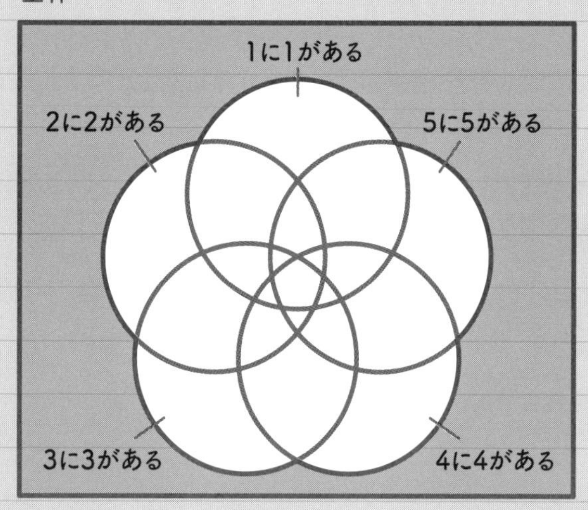

問題で求めるのは「カードと枠の数が一致しない組み合わせ」なので、上の図だと色のついた部分です。つまり、**「(全部の組み合わせの数) − (色のついていない部分の数)」** が、「44 通りだ」という計算ができるんですね。

ただし、実際に計算する場合には色のついていない部分の重なりに注意して、数を正確に把握(はあく)するのが少し難しいのですが、たとえばこんな具合(ぐあい)です。

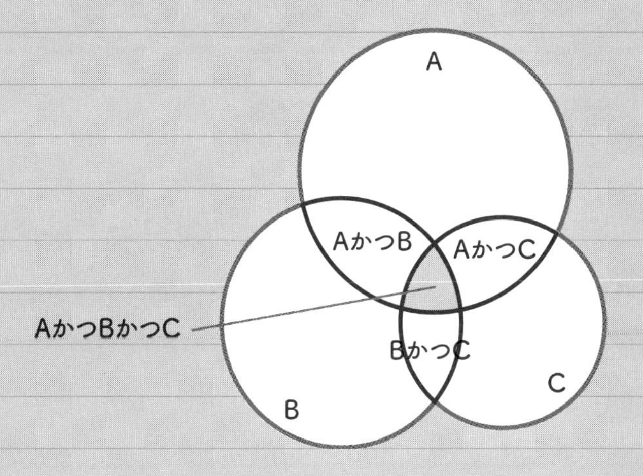

A：70 ／ B：60 ／ C：50

AかつB：20 ／ AかつC：10 ／ BかつC：10

AかつBかつC：5

この場合に、３つの円の内側を「もれなく、かぶりなく何通りか」把握するには、**「(全体の数 A + B + C) − (かぶっている部分) + (引きすぎた部分)」**という計算をします。かぶっている部分とは「A かつ B」「A かつ C」「B かつ C」ですが、「A かつ B かつ C」に相当する部分のみ３回引かれているので１回分戻す。**「(70 + 60 + 50) − (20 + 10 + 10) + 5 = 145」**となります。

この計算の考え方を「包除原理(ほうじょげんり)」といいます。カードと枠の問題も、まずこの要領で色のついていない部分の数を求め、全体の数から引く戦略が成り立つわけです。

5歩目

確率で夢を測る「期待値」

高校生

宝くじ1枚の実際の価値は？

宝くじは「夢を買っている」なんて言われますが、確率を使えば、実際の夢の価値を数で表すことができます。これを「期待値（きたいち）」といいます。

期待値とは、ある1回に対して結果的に得られるものの平均値。ようするに、宝くじ１枚には、本当はいくらくらいの価値があるかが、確率からわかるんですね。

2020年の年末ジャンボ宝くじ

- 番号＝100000〜199999（10万枚）
- 組＝001〜200組
- 10万（枚）×200（組）＝2000万（枚）が1ユニット
- 宝くじは1枚300円で発売

7等	下一ケタが一致で300円
6等	下二ケタが一致で3000円
5等	下三ケタが一致で1万円
4等	下四ケタが一致で5万円
3等	組の下一ケタが0か2で、番号が一致で100万円
2等	組と番号が一致で1000万円
1等の組違い賞	番号が一致で10万円
1等の前後賞	組と番号が一致で1.5億円
1等	組と番号が一致で7億円

いったい何を教える本なのか（笑）、これがジャンボ宝くじの基本情報です。

たとえば、こんな宝くじは誰も買わないと思いますが、7等しかない宝くじがあったとして、期待値は次のように求められます。

7等は下一ケタが一致すればいい、つまり10枚に1枚が当たりなので、確率は$\frac{1}{10}$、ハズレはそれ以外の$\frac{9}{10}$です。

そして、結果（賞金）と、それが起こる確率をかけて、すべて足したものが期待値となります。

$$\frac{1}{10}\times 300(\text{円})+\frac{9}{10}\times 0(\text{円})=30\text{円}$$

このように、7等しかない宝くじ1枚300円あたりの期待値は30円しかないので、基本的には270円損して当たり前というわけです。

では、賞がたくさんあるので大変ですが、ジャンボ宝くじの期待値を求めてみましょう。いい練習になるのでみなさんも一緒に考えながらやってみることをおすすめしますが、同じことの繰り返しなので、ザッと流し見するのでも大丈夫です（笑）。

7等 さっき計算した通り、期待値30

6等 下二ケタが一致なので確率は$\frac{1}{100}$
賞金の3000円をかけると期待値30

5等 下三ケタが一致なので確率は$\frac{1}{1000}$ですが、
当選番号は3本あるので$\frac{3}{1000}$。賞金の1万円をかけると期待値30

4等 下四ケタが一致なので確率は$\frac{1}{1\text{万}}$
賞金の5万円をかけると期待値5

3等 少し複雑ですが、全200組の中で下一ケタが0か2の組は40組。
かつ各組に1枚の当選番号があるので、1ユニット2000万枚の中に
40本の当選があります。よって確率は $\frac{1}{50万}$、
賞金の100万円をかけると、期待値2

2等 組と番号が一致なので、確率は $\frac{1}{2000万}$ ですが、当選番号は4本です。
したがって確率 $\frac{4}{2000万}$ に賞金1000万円をかけると期待値2

1等の組違い賞 番号が一致、かつ1等ではないので
200組中の199組が該当します。確率は $\frac{1}{10万} \times \frac{199}{200}$、
賞金10万円をかけると期待値 $\frac{199}{200}$

1等の前後賞 組と番号が一致ですが、1等前後の番号2本が当選ですね。
確率 $\frac{2}{2000万}$ に、賞金1.5億円をかけると期待値15

1等 組と番号が一致なので確率 $\frac{1}{2000万}$ に
賞金7億円をかけると期待値35

以上です。1等しかない宝くじだった場合の期待値が、いちばん高かったのは意外ですね。

さて、宝くじ全体の期待値は、すべての期待値を足します。すると、「$30 + 30 + 30 + 5 + 2 + 2 + \frac{199}{200} + 15 + 35 = 149 + \frac{199}{200}$」。だいたい150になります。

したがって、「2020年の年末ジャンボ宝くじ1枚300円の、実際の夢の価値は150円!」でした。つまり、買った額のだいたい半分が、賞金として戻ってくれば期待値通りなので、落ち込む必要はないというか、「ごく普通の結果だった」と、納得すべきでしょう。

1等を当てたい“気持ち”は私もよくわかりますが、お金を賭(か)けるときは、

今後はぜひ期待値を踏まえてお考えください（笑）。

あと、もしも「期待値は350円!」になろうものなら、これは買うほど得するので、全力で買い占めるべきです。でも、世の中そんなおいしい話はありませんね……。

Column サンクトペテルブルクのパラドックス

パラドックスとは、「論理的に正しく見える、もしくは本当に正しいけれど、なんだか結論が腑(ふ)に落ちない」ことですが、数学者のベルヌーイさんが考えた、こんなゲームの話があります。

それは、「コインの表が出るまで、裏が続く限りコインを投げるゲーム」です。

１回目で表が出てしまったら１円、裏が１回出てから表が出れば２円、裏がもっと続けば４円、８円……と、倍々(ばいばい)の賞金がもらえます。

「では、このゲームの参加費はいくらにすればいいか?」

これが、話のキモです。

宝くじの話からわかる通り、参加費は期待値よりも高くしなければ主催者(しゅさいしゃ)が一方的に損をするので、まずは期待値を求めるべきですね。

1回目で表	➡	賞金1円	5回目で表	➡	賞金16円
2回目で表	➡	賞金2円	6回目で表	➡	賞金32円
3回目で表	➡	賞金4円			
4回目で表	➡	賞金8円			

これの期待値を考えると、いきなり表が出る確率は$\frac{1}{2}$、これに賞金１円をかけると期待値は$\frac{1}{2}$です。

１回目は裏、２回目で表が出る確率は184ページで学んだ通り、連続する確率なので$\frac{1}{2}\times\frac{1}{2}$、賞金は倍の２円なので確率$\frac{1}{4}$に２をかけると、期待値はやはり$\frac{1}{2}$です。ようするに、裏の回数が増えると確率は半分ずつ下がる一方で、賞金は倍になるので、いつ表が出て終わっても期待値は$\frac{1}{2}$なんですね。ということは、このゲーム自体の期待値は$\frac{1}{2}$を無限に足すということ？　つまり期待値がめちゃくちゃ高いので、いくら払ってでも参加すべき？　たとえ１億円でも？

宝くじでやったように期待値を考えると、そうなってしまいますが、１億円も払ってこんなゲームに参加したいとは思えませんよね？　期待値は無限大といっても、５回連続で裏を出すのすら難しいだろうし、たとえ運がよくても賞金はたったの32円……。

この腑に落ちない感じがパラドックスなんですが、ようは期待値とは、上限がないと現実離れしたおかしな事態になり得るんですね。

仮に「30回までが上限のゲーム」とするのであれば、裏を30連続で出せれば賞金10億円くらい。この場合、31回目のコインを投げて、表でも裏でも結果にかかわらず終了すると考えれば、そのときだけ確率は１です。よって、期待値は**「$\frac{1}{2}\times 30+1=16$円」**。

参加費がいくらだったら、あなたは挑戦しますか？

6歩目

じつはけっこう難しい「条件つき確率」

高校生

初めての人は、だいたい間違える問題

問題

あなたの目の前に3つの扉(とびら)があります。
そのうち1つが、賞品のもらえる当たりの扉です。

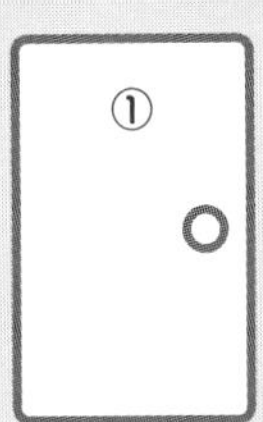

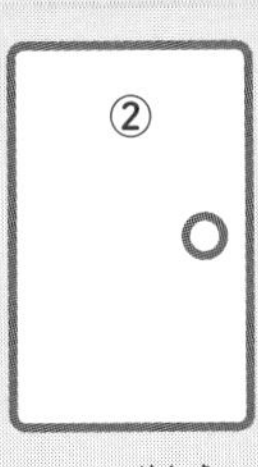

まず、あなたはいずれかの扉を選ぶ権利(けんり)があります。主催者は
あなたが選ばなかった2つの扉のうちの、ハズレの扉を開きます。

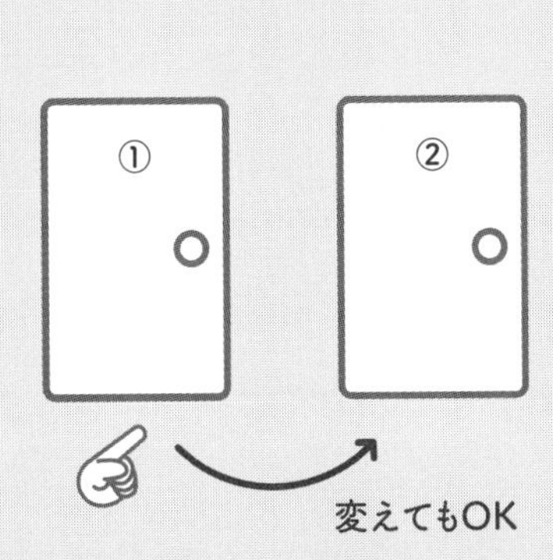

ここで、あなたは最初に自分が選んだ扉と、残った扉を、
改めて選ぶことができます。あなたは扉を変えるべきか、否(いな)か？

これは「モンティ・ホール問題」といって、けっこう有名なので、もしか

したら知っている人もいるかもしれません。私が初めてこの問題と出会ったときは、正解を知ってもすぐには信じられなかったほど予想外の結果でした。

初めて挑戦する人は、理由も含めてしばらく考えてみてください。

最初に３つの扉から１つを選ぶので、それが当たりの扉である確率は$\frac{1}{3}$ですよね。ここまでは確率の基本通りです。

その扉が当たりであろうとなかろうと、残りの２つの扉には必ず１つ以上のハズレが含まれています。その１つを主催者が開けるわけです。ここが、この問題のキモなんですね。

「扉を変えようが変えまいが、どっちかが当たりなので 50%?　じゃあ変えても変えなくても……」と、悩む人が多いと思いますが、これでは最初にあなたが扉を選ぶときにはなかった、「主催者が扉を開ける」という条件を無視しています。「２歩目」でも触れましたが、これは「条件つき確率」の問題なんですね。では、この条件をどう考えるか。

もしあなたが扉を変えなかった場合、当たりの確率は$\frac{1}{3}$のままです。ところがあなたが扉を変えた場合、当たりの確率は$\frac{2}{3}$と、２倍になるので絶対に変えたほうがいいんです。

は?　意味わかりませんよね?　私も最初はそうでした。**主催者が扉を開けた瞬間に条件が変わっている**んです。$\frac{1}{3}$を選ぶか、$\frac{2}{3}$を選ぶかに。

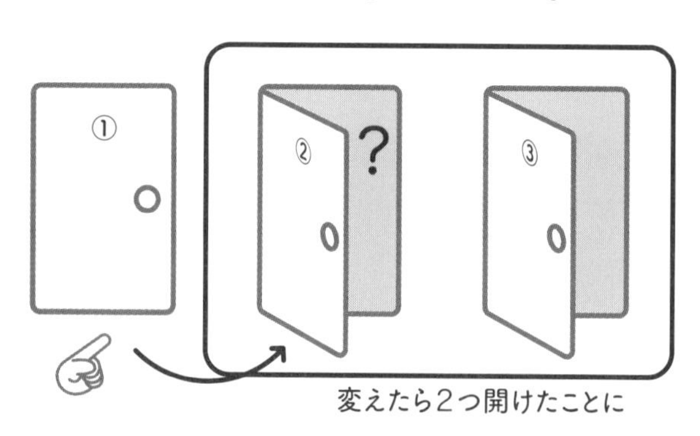

つまり、あなたが扉を変えるということは、扉を２つ開けたも同然なんですね。まだ意味不明でしょうか。

では、当たりを明らかにしたうえで考えてみると、扉は絶対に変えたほうがいいと思えるはずです。

以下の条件で「あなたは①を選び、絶対に扉を変える」としましょう。

①が当たりの場合　あなたは①を選び、その後②か③に扉を変えるので、扉を変えるとハズレです。

②が当たりの場合　あなたは①を選び、主催者はハズレの③を開けるので、扉を変えると当たります。

③が当たりの場合　あなたは①を選び、主催者はハズレの②を開けるので、扉を変えると当たります。

このように、絶対に扉を変えることにすれば$\frac{2}{3}$で当たるわけです。

ところが、「変えてハズレたら後悔する。だから初志貫徹だ!」とか言って、全く数学的ではない選択をして後悔するんですね（笑）。

人間なので感情に左右されることもあるでしょうが、**正しく確率を使いこなしたいんだったら、正しく計算してナンボ**です。この<道>でお話ししたような、落とし穴を避けるための考え方、「武器」を身につけましょう。

ちなみに、条件つき確率の問題では「ベイズの定理」といって、機械的に使える「武器」もあります。興味のある人は、ぜひチェックしてみてくださいね。

クイズ王・鶴崎からの挑戦状！
10段の階段

問題編

これからあなたは10段の階段をのぼります。
のぼり方は、次の2つ。

Ⓐ 1段ずつのぼる

Ⓑ 1段とばしてのぼる（1度に2段のぼる）

このとき3段の階段をのぼる方法は、以下の3通りです。

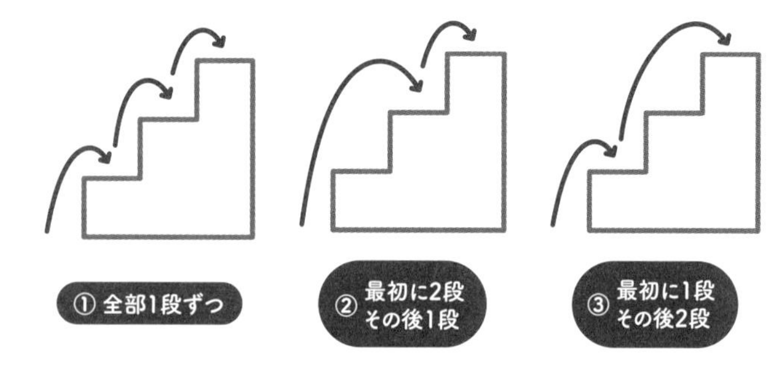

① 全部1段ずつ

② 最初に2段 その後1段

③ 最初に1段 その後2段

では、10段の階段をのぼる方法は、何通りあるでしょう。
あなたは、わかりますか？

解答編は250ページへ

第6章

1歩目

小学生で学ぶ割り算には2種類の答え方がある

小学生

<数の道>とは異なる数の道？

「なぜ、今さら<整数の道>?」

そう思われるみなさんも多いでしょう。すでに<数の道>で整数について学んでいるので。それでも整数を掘り下げるのは、**算数・数学の世界では、整数でしか成り立たないことがたくさんある**からです。

その起源（きげん）は算数の割り算にあります。**「割り算には2種類の答え方がある」**と言われて、ピンとくるでしょうか？

1つは**「$3 \div 2 = 1.5 = \frac{3}{2}$」**という答え方。この本でも当たり前のようにこれを使っています。とくに分数は、割る数を分母、割られる数を分子にすることで、どんな場合でも割り算できるんでしたね。

そして、もう1つは、**「3 ÷ 2 = 1 あまり 1」**という答え方です。ただし、こう教わるものの、厳密にはこの答え方は間違っています。少なくとも数学者は、あまりこの式を使いません。なぜでしょう？　少し考えてみてください。

いかがでしょう。では、たとえば**「6 ÷ 5 = ?」**という問題があったとして、この答えも**「1 あまり 1」**ですよね？　ということは、**「3 ÷ 2 = 6 ÷ 5」**と言っているも同然だからです。

$3 \div 2 = 6 \div 5$

⬇ この式を分数で表すと……

$\frac{3}{2} = \frac{6}{5}$ ？

⬇ 両辺に10をかけて整数にすると……

$15 = 12$ ？？

1 2 3

つまりこういうことなので、**「3÷2＝1あまり1」のように、左辺と右辺が同じでないのに「=」で表してはマズイ**わけですね（なので、この本では以降、**「→」**を使います）。

では、どのように書くべきかというと、**「3÷2＝1あまり1」**の“気持ち”を考えましょう。

鶴崎チェック！

「3の中に2は1つあって、1あまる」

⬇ **逆に言うと……**

「2が1つと、あまりの1を合わせると3」

⬇ **式で表すと……**

$3=2\times1+1$

このように書くべきです。割られる数3を主役にして、ほかを右辺に書く割り算の表し方こそ、＜整数の道＞なんですね。

ようするに、**「すべて整数で解決しましょう」**ということです。小数や分数、その他の実数も使わずに。

たとえばみなさんがお菓子を買うときに、友達3人で分けるとしたら「何個入りかな?」と、気にするじゃないですか。「4個入りだと困るから6個入りを買おう」とか。これに限らず、現実的な問題の場合には、整数で考えたい場面はけっこうあります。

＜数の道＞は数そのものが広がる方向に伸びていきましたが、それによって見えなくなってしまう整数の性質があるんですね。最初に言ったように、整数でしか成り立たないことなどです。

よって、＜整数の道＞は＜数の道＞の一部ではなく、割り算の答え方から枝分かれするように伸びる、ちょっとべつの世界の話です。

2歩目

あまりのない世界「素因数分解」と「公約数」「公倍数」

小学生〜中学1年生

「公約数」と「最大公約数」の関係

「整数でしか成り立たないことがある」「すべて整数で解決する」とはどういうことか。手始めに次の問題を考えましょう。

問題

12個のクッキーと18個の飴があります。何人だったらあまらずに分けられるでしょうか。

あまりが出ないように分けたいので、12と18の両方を割り切る数を探す「公約数」の問題です。そもそも「約数」とは割り切ることができる整数のことなので、まさに整数でしか成り立たない話。42ページでは「分数や小数の最大公約数はない」ことも考えましたね。

1から順に試してもそんなに時間はかからない問題ですが、考え方として知ってほしいのが、**「公約数とは最大公約数の約数」**であること。つまり、この問題の最大公約数は6ですが、6の約数が12と18の公約数になります。

6の約数は1、2、3、6なので、これが12と18の公約数であり、問題の答え。この人数だったらクッキーと飴をあまさずに分けられます。1人の場合は独り占め(ひとりじめ)ということになりますが（笑）。

「最大公約数」「最小公倍数」の"特効薬"

整数とは「負の整数」「0」「自然数（＝正の整数）」でしたが、自然数の中には「素数(そすう)」といって、1とその数しか約数のない数があります（ただし通常1は素数に含まない）。1〜20の間では、いちばん小さい

素数は2、次が3、以降5、7、11、13、17、19と続きます。これらは1とその数自体でしか割り切れません。

そして、証明は難しいのでこの本では省略しますが、「すべての自然数は素数のかけ算で、（順番を無視すると）1通りに表すことができる」性質があり、これを「素因数分解(そいんすうぶんかい)」といいます。この「武器」を使うと、約数や倍数が求めやすくなります。

? 問題

384と160の最大公約数は？

さっきの12と18の場合と違って、答えはすぐに出てきませんよね？　こういう場合に素因数分解をします。ひたすら小さい素数で割るんです。

「384÷2＝192」 ➡ 「192÷2＝96」 ➡ 「96÷2＝48」
➡ 「48÷2＝24」 ➡ 「24÷2＝12」 ➡ 「12÷2＝6」
➡ 「6÷2＝3」 ➡ 「3÷3＝1」 ⇒ つまり「$384=2^7\times3$」

「160÷2＝80」 ➡ 「80÷2＝40」 ➡ 「40÷2＝20」
➡ 「20÷2＝10」 ➡ 「10÷2＝5」 ➡ 「5÷5＝1」
⇒ つまり「$160=2^5\times5$」

公約数は両方の数を割り切ればいいので、たったいま見たように、両者は2で5回まで割り切れました。よって、その途中の2～2^4は公約数で、**「$2^5=32$」**が最大公約数です。「公約数とは最大公約数の約数」のゆえんですね（ただし公約数には1も含まれるので注意）。

そして、**素因数分解することで、最小公倍数もすぐにわかるようになります**。最小公倍数は両方の数で割り切れなければならないので、大きいほうをとります。

鶴崎チェック！

「$384 = \boxed{2^7} \times \boxed{3^1} \times 5^0$」　「$160 = 2^5 \times 3^0 \times \boxed{5^1}$」

これは素因数分解の結果を、両者を構成する素数の数に基（もと）づいて、ていねいに表したものですが、「大きいほうをとる」とは各素数の累乗（るいじょう）（同じ数をかけた回数）の大きいほう、四角で囲んだほうをとることです。すなわち、大きいほうは **「$2^7 \times 3^1 \times 5^1$」** なので、これを計算すると最小公倍数は、1920と求められます。

反対に、最大公約数は「小さいほうをとる」ことでも求められます。囲っていないほう、**「$2^5 \times 3^0 \times 5^0 = 32$」**（※4）です。さっきの答えと一致していますね。

※4 **0乗**
「$a^1 = a$」「$a^2 = a \times a$」のように、累乗が増えるにしたがってa倍になるのはわかると思いますが、反対に減ると$\frac{1}{a}$になります。したがってa^0とは、「$a^1 = a$」の$\frac{1}{a}$なので「$a^0 = 1$」です。

このように小学生がつまずきやすい最大公約数、最小公倍数の問題は、素因数分解を使えばどんな数でも「特定の手順で絶対にわかる」という意味で、この本では“特効薬”とも言ってきましたが、アルゴリズムが確立しているんです。

見つけにくい最小公倍数を楽に！

そして、あることに気づいたとしたら、あなたはすばらしい！　それは **「最大公約数×最小公倍数=もとの数の積」** になることです。

具体的に見てみましょう。384と160の最大公約数32と最小公倍数1920をかけると、もとの数の積 **「$384 \times 160 = 61440$」** と同じになります。計算してみてください。なぜかというと、考えてみれば当たり前で、2つの数があったら絶対に大きいほうか、小さいほうになるからです（2つの数が同じときは片方を大きいほう、もう片方を小さいほうとすることにしま

す）。すなわち、大きいものをまとめた最小公倍数と、小さいものをまとめた最大公約数を掛け合わせたら、結局もとの数を掛け合わせたことと同じになるという理屈なんですね。しかも、話はこれだけではありません。

問題

16と24の最小公倍数は？

最大公約数の8はすぐにわかりますが、最小公倍数は面倒な感じがしますよね？　でもさっきの「武器」を使えば、試行錯誤しなくても**「16 × 24 = 8 ×最小公倍数」**という一次方程式のような形で求められます。**「最小公倍数= 16 × 24 ÷ 8 = 48」**ですね。

この性質を知っていると、基本的には見つけやすい最大公約数さえわかれば、見つけにくい最小公倍数を探すのが楽になります。このように、あまりのない整数の世界では、また新しい数の性質が現れるのです。

Column

エラトステネスのふるい

素数は無限にありますが、指定された範囲内の素数では、次の手法でアルゴリズム的に求めることができます。

	2	3	~~4~~	5	~~6~~	7	~~8~~	~~9~~	~~10~~
11	~~12~~	13	~~14~~	~~15~~	~~16~~	17	~~18~~	19	~~20~~
~~21~~	~~22~~	23	~~24~~	~~25~~	~~26~~	~~27~~	~~28~~	29	~~30~~

たとえば1～30の素数を探す場合に、最小のものを見つけ、その倍数を消していくという方法です。

この場合、5の倍数を消した時点で残っている数はすべて素数です。

3歩目

最古のアルゴリズム「ユークリッドの互除法」

高校生

どんな最大公約数もよりかんたんに

「2歩目」では素因数分解を使って最大公約数と最小公倍数を求めましたが、学校ではこんなふうに書くことを教わると思います。

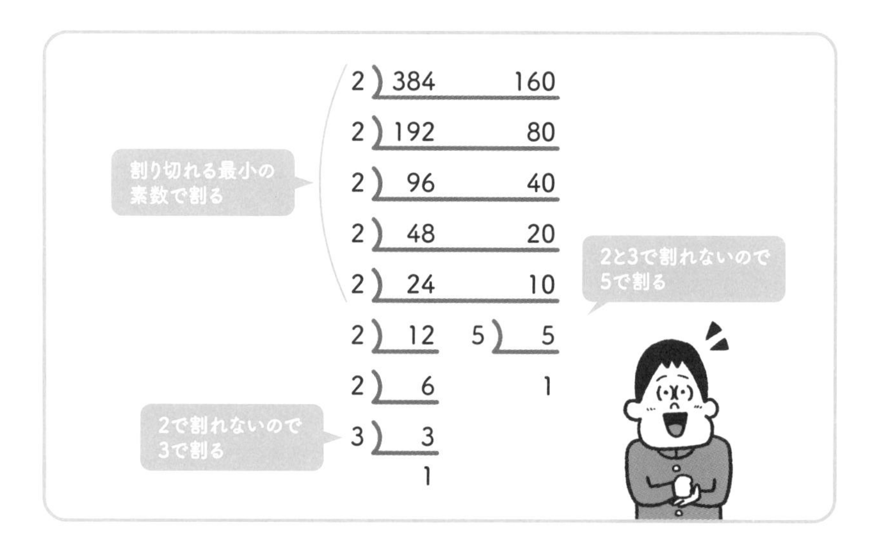

問題

362842と152896の最大公約数は？

では、こんな問題を素因数分解するとどうでしょうか？

偶数どうしだから最初は2で割れそうだなと思いますが、次の段階でいきなりつまずきますよね。

2) 362842 152896
??) 181421 76448

そこで、最古のアルゴリズムとも呼ばれる**「ユークリッドの互除法（ごじょほう）」の登場です。これを使うと素因数分解をしなくても最大公約数を求められます。**

鶴崎チェック!

まず両者を割り算する

362842÷152896 → 2あまり57050

⬇次に割る数をあまりで割る

152896÷57050 → 2あまり38796

⬇これを繰り返す

⇒ 57050÷38796 → 1あまり18254

⇒ 38796÷18254 → 2あまり2288

⇒ 18254÷2288 → 7あまり2238

⇒ 2288÷2238 → 1あまり50

⇒ 2238÷50 → 44あまり38

⇒ 50÷38 → 1あまり12

⇒ 38÷12 → 3あまり2

⇒ 12÷2 ＝ 6（あまり0）

最終的に**あまりは0になりましたが、そのときの割る数が最大公約数**です。この場合は2でした。

じつは、素因数分解をしようとしてつまずいたときに現れていた数181421は素数です。なのでユークリッドの互除法を使っていなかったとしたら、両方を割り切れる素数は、それなりの時間をかけても見つかりません。そもそもないので。

さて、ユークリッドの互除法は、割り算を繰り返しただけで最大公約数を求められました。ではなぜこの方法が成り立つのかを、小さい数を使って考えてみましょう。ここで割り算の「$3 = 2 \times 1 + 1$」という表し方を使います。

24と18の最大公約数は？

まず割り算でしたね。「24 ÷ 18 → 1 あまり 6」です。これを正しい表し方に直すと「$24 = 18 \times 1 + 6$」。

仮に最大公約数を a とすると、「$24 = a \times ○$」「$18 = a \times △$」と表せなければなりません。そして、**あまりの部分も a の倍数でなければならない**のはわかるでしょうか？　この問題の場合「$6 = a \times □$」です。

鶴崎チェック！

なぜなら……

$$24 = 18 \times 1 + 6$$

$$a \times ○ = a \times △ + a \times □$$

こう言えないと、そもそも「$24 = a \times ○$」と言えない

つまり、**割る数とあまりは、ずっと最大公約数 a の倍数にならなければならない**んですね。続きをやってみましょう。

割る数をあまりで割る

$18 \div 6 = 3$

↓つまり

$$18 = 6 \times 3 + 0$$

$$a \times △ = a \times □$$

左の関係が成り立ったので、最大公約数「$a = 6$」です。

また、「2歩目」でやったように、最大公約数さえわかれば、最小公倍数も一次方程式のようにかんたんに求めることができますね。

4歩目

プログラミングで大事なこと①「絶対に終わるのか」

小学生、高校生

本当に終わる？——「コラッツ予想」

「4 歩目」と「5 歩目」でするのは、これからの時代に重要な「情報科学」、引いてはコンピュータやプログラミングを扱う場合に心に留めておくといい話です。厳密には整数に限った話ではないものの、整数で考えると伝わりやすいので、あえてこの<道>に収録しました。

その 1 つは **「絶対に終わるのか」** という話です。

問題

ある自然数が 1 つあります。これが「偶数だったら 2 で割ります」。
「奇数だったら 3 をかけて 1 を足します」。
最初の自然数がどんな数でも、最終的に「1」になるでしょうか。

「ある自然数」が 5 の場合、奇数なので 3 をかけて 1 足すと、**「5 × 3 + 1 = 16」** です。16 は偶数なので 2 で割ると 8。8 は偶数なので 2 で割り 4。4 も偶数なので 2 で割り 2。最後は **「2 ÷ 2 = 1」**。1 になりました。

では、20 ではどうか。同じようにやると **「20 → 10 → 5 → 16 → 8 → 4 → 2 → 1」** となり、やっぱり 1 になります。なんとなく「どんな自然数でも 1 になるんじゃないの?」という気はしますよね。20 をやってみましたが、ではそれよりも少し大きい 27 でやってみましょう。

27 → 82 → 41 → 124 → 62 → 31 → 94 → 47 → 142 → 71
→ 214 → 107 → 322 → 161 → 484 → 242 → 121 → 364 →

182 → 91 → 274 → 137 → 412 → 206 → 103 → 310 →
155 → 466 → 233 → 700 → 350 → 175 → 526 → 263 →
790 → 395 → 1186 → 593 → 1780 → 890 → 445 → ……

なんだか、雲行きが怪しくなってきましたね。本当に 1 になり、この作業は終わるのでしょうか。445 の続きをやってみましょう。

1336 → 668 → 334 → 167 → 502 → 251 → 754 → 377 →
1132 → 566 → 283 → 850 → 425 → 1276 → 638 → 319 →
958 → 479 → 1438 → 719 → 2158 → 1079 → 3238 → 1619
→ 4858 → 2429 → 1079 → 3238 → 1619 → 4858 → 2429
→ 7288 → 3644 → 1822 → 911 → 2734 → 1367 → 4102 →
2051 → 6154 → 3077 → 9232 → ……

ついに 9000 台まで膨(ふく)れ上がりました。だいぶ不安になりますね。これ以上はやりませんが、ぜひこの先にチャレンジしてみてください。最後に 1 になる感動を味わえます（笑）。いま結論を言いましたが、27 もやっぱり最後は 1 になります。ただし、全部で 116 回の計算が必要です。

この問題は「コラッツ予想」といって、あくまで予想なので絶対に最後に 1 になって終わるかどうかは未解決なんですね。ただし、コンピュータの計算で、けっこう大きい数まで 1 で終わることがわかっています。つまり、**今のところ「終わらない」という反例はないん**ですが、「絶対に終わる」証明もできていないんです。

このように**「絶対に終わるのか」という見方は、数学的には非常に大事。**

たとえばエアコンを考えてみましょう。エアコンは目標温度を設定すると、温度が高ければ下げるように動き、低ければ上げるように動きます。目標温度と現在の室温との**誤差が小さくなるようにコンピュータ、プログラムが働いている**わけです。

ところがもし一向(いっこう)に終わらず、無限ループに入ってしまうようなことになると、機械は大変なことになります。計算が終わらなければ、エアコンは動作を止(と)めてしまうでしょう。プログラムは働いているのに終わらない、つまり目標温度に向かわずに働きつづけるのは、機械としては成り立っていません。

そういう観点で「3 歩目」でお話ししたユークリッドの互除法を見てみましょう。たとえば「156 と 120 の最大公約数」を考えます。

156÷120 → 1あまり36
120÷36 → 3あまり12　⇐割る数をあまりで割る
36÷12 → 3あまり0　⇐割り切れた！

12 が最大公約数ですが、ここで**大事なのは、ユークリッドの互除法は「絶対に終わる」と言えること**です。なぜそう言えるかというと、扱っている数が**「156 > 120 > 36 > 12」**と、絶対に小さくなる、1 に近づく保証があるから。ゆえに、**ユークリッドの互除法は「最終的に最大公約数を求められる」と言えるし、だからこそ無限ループを心配せずに、「パソコンに実(じっ)装(そう)しても大丈夫なアルゴリズム」とも言える**わけです。

みなさんがプログラムを組むとしたら、動作が終わることを気にしなければなりません。そして、多くの場合、**無限ループにならないかを確かめるには、エアコンのように「誤差は小さくなるか」、ユークリッドの互除法のように「確実に小さくなるか」という考え方が役に立ちます。**

5歩目

プログラミングで大事なこと②「計算量は少ないほうがいい」

中学3年生

コンピュータも楽したい？

コンピュータやプログラミングを扱う場合に心に留めておくべきことの2つ目は、**「計算量は少ないほうがいい」**という話です。92ページでは因数分解を使い、計算を楽（らく）にする話をしましたね。

では早速ですが、2^{16}を計算してみましょう。

計算法①	計算法②	
$2^2=2\times2=4$	$2\times2=4$	1回
$2^3=4\times2=8$	$4\times4=16$	2回
$2^4=8\times2=16$	$16\times16=256$	3回
$2^5=16\times2=32$	$256\times256=65536$	4回
$2^6=32\times2=64$		
$2^7=64\times2=128$		
$2^8=128\times2=256$		
$2^9=256\times2=512$		
$2^{10}=512\times2=1024$		
$2^{11}=1024\times2=2048$		
$2^{12}=2048\times2=4096$		
$2^{13}=4096\times2=8192$		
$2^{14}=8192\times2=16384$		
$2^{15}=16384\times2=32768$		
$2^{16}=32768\times2=65536$ 15回		

計算法①は、普通に2を15回かけています。数学においては「とにかく解ければいい」という姿勢も大事なので、正解であればかまわないんですが、ちょっと「大変だな」とは思いますよね？

一方で、日常生活での計算もそうですが、プログラミングでも計算の手数は少ないほうがいいので、計算法②のような考え方を身につけたいものです。すなわち**「4×4」というのは「$2^2 \times 2^2 = 2^4$」、「16×16」は「$2^4 \times 2^4 = 2^8$」、「256×256」は「$2^8 \times 2^8 = 2^{16}$」という考え方**です。

最後は3桁のかけ算なのでやっぱり「大変だな」と思う人もいるでしょうが、計算の手数は4回なので、かなり減りました。

もっと大きな数の計算を考えると、より効いてきます。たとえば $\mathbf{2^{100000}}$ の計算をするとしたら、計算法①では10万回くらいの計算が必要なので実質人間には無理ですが、計算法②の場合は20回程度の計算で済みます。

コンピュータなら10万乗くらいであれば計算法①でもスムーズに処理できますが、これが1億乗、10億乗になってくると、さすがにパソコンの動作も遅くなります。ところが計算法②だと、1億乗でも2桁の回数以内の計算で済むので問題ありません。

計算量を減らすことは、コンピュータにとっても大事なことなんですね。

素因数分解と暗号

三度登場しますが、計算量とスピードの観点で、ユークリッドの互除法を考えてみましょう。最大公約数を求める場合に、機械的に割り算を繰り返せば自ずと答えが得られるので、数の大きさによりますが、方法としては「そこそこ高速」と言えます。

一方で、素因数分解で最大公約数を求める方法もありました。「2歩目」でお話しした通り、これはこれで利点はあるんですが、たとえば今、157を

素因数分解してみてください。

「奇数だから2で割れないな」「じゃあ3では？　これもダメだなぁ」「5も7もダメで、次の素数は11か」「11もダメ、13は?」というように、まず素数がわかっていないとダメだし、その素数を順に検証する必要もあるので、「低速」と言わざるを得ませんね。なので、巨大な数を素因数分解しなければならないとしたら、とんでもない回数の試行錯誤が必要になるので、「巨大な数の素因数分解を、コンピュータのシステムに採用するのはやめたほうがいい」と言えます。

余談ですが、これを逆手にとった「RSA暗号」というものがあり、よく使われています。この暗号はまさに「超巨大な数の素因数分解は、計算量が膨大で、時間もかかるから現実的には難しい」ことで成り立っているんです。

私は「競技プログラミング」という、計算問題を高速で解くプログラムをつくり、いち早く提出するゲームをやっているんですが、計算量を減らせば減らすほど、確実にコンピュータは早く動きますね。

みなさんも**パソコンやスマートフォンを触ったときに、動作が早いと快適だと感じると思いますが、それにはハード（CPU）を高性能にすることのほかに、ソフトの計算量を減らすというアプローチも有効**というわけです。

今回の話を読んで、「日常生活で2^{16}を考えるときなんてあるか?」と思うのではなく、それを楽にする方法を考えることが大事であり、またそういう方法を知ることで数学に興味をもって、楽しむことにつながってほしいと願っています。

数学者や情報科学者は、いかにかんたんにできるか、いかにサボるかをつねに考えていて（笑）、でもそれがテクノロジーの進歩にもつながっているんですね。

6歩目

整数の答えがほしいなら整数で解こう

高校生

答えが実数であることと整数の違い

問題

容量が7L(リットル)のバケツと、5Lのバケツがあります。
この2つのバケツと大きな浴槽(よくそう)を使って
1Lを測りとってください。
水は水道から無限に汲(く)むことができ、
浴槽に入れた水は、汲み出すこともできます。

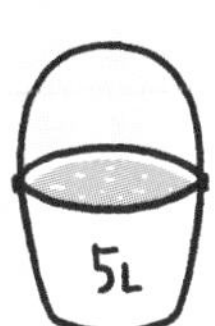

2種類のバケツを使い、浴槽に水を出し入れしながら1Lにする。少し考えると、いくつかの答えが出てくると思います。

たとえば、7Lのバケツで浴槽に3回水を入れると21Lになるので、5Lのバケツでその水を4回汲み出せば20L引けます。すると、残りは1L。

もしくは、5Lのバケツで3回水を入れて、7Lのバケツで2回水を出しても1L残すことができます。

そして、じつはこの話は一次関数に定式化できます。

鶴崎チェック!

7Lを3回入れて、5Lを4回出す

$\Rightarrow 7\times3+5\times(-4)=1$

7Lを2回出す、5Lを3回入れる

$\Rightarrow 7\times(-2)+5\times3=1$

つまり $7x+5y=1$

118ページで学んだ通り、この**「$ax + by = c$」**の形はすべての直線を表す一次関数です。一次関数のグラフは「xが決まったときに1つ決まるyの集合」という見方ができました。よって、**「$7x + 5y = 1$」**は、**「$x = 1$」**だったら**「$y = -\frac{6}{5}$」**です。

しかし、今回の問題のxとyは「回数」なので、**答えは整数でほしい**わけです。式が成り立てば、実数ならなんでもいいわけではないんですね。**「$y = -\frac{6}{5}$」**だから、「バケツで$\frac{6}{5}$回水を汲み出す」という答え方はダメということです。

「$ax+by=c$」の整数の答えを求める

実数のほうがたくさんの数を含んでいるので万能なイメージをもつかもしれませんが、何度か言っている通り、**整数でしか成り立たないこともあるし、答えが整数でないと困る場合もあります。だから、整数で問題を解くことは盛（さか）んに研究されています。**

そこで、さっきの問題を発展させてみます。6Lと4Lのバケツで1Lを測りとる。つまり「**『$6x + 4y = 1$』**の整数の答えはあるか?」という問題だったらどうでしょうか。

これは6と4が偶数なので、足しても引いても偶数にしかならないことを考えると、奇数の1にはなりません。よって、整数の答えは「なし」です。

では、329Lと336Lのバケツだったら?　こうなると、もうすぐには対応できないですよね。でも数学者は、「解きたい」と思ってしまうわけです（笑）。しかも、なるべくシンプルに。

$ax+by=c$ （$a \neq 0$、$b \neq 0$）

・aとbの最大公約数がcを割り切れば、整数の答えは無限個ある

・cを割り切らなければ、整数の答えはない

数学者ベズーさんは考えた結果、こんなことを発見し、さらにその答えのユニークな求め方も見つけました。

では、はたして329Lと336Lのバケツで1Lを測りとることはできるんでしょうか？

定式化すると**「$329x+336y=1$」**。ベズーさんによると、329と336の最大公約数が1を割り切れば可能ということになりますが、**「$c=1$」**の場合に限れば、そもそも1は1でしか割り切れません。つまり、aとbの最大公約数が1でなければ、整数の答えは「なし」です。

ちなみに、2つの整数を割り切る整数が1しかないこと、つまり最大公約数が1であることを、数学では「互（たが）いに素（そ）」といいます。

さて、329と336の最大公約数ですが、最大公約数といえばユークリッドの互除法ですね。サクッと見つけましょう。

336÷329 → 1あまり7

329÷7 → 47あまり0 ⇐ 割る数をあまりで割った

最大公約数は7なので、1を割り切ることはできません。よって、**「$329x+336y=1$」**の、整数の答えは「なし」。

では、次に考える問題はもちろん答えがあるものをあえて出すわけですが（笑）、**「$10x + 13y = 1$」**を考えてみましょう。早速 10 と 13 の最大公約数を、ユークリッドの互除法で求めます。

13÷10 → 1あまり3 ―― ①
10÷3 → 3あまり1 ―― ②　⇐割る数をあまりで割る
3÷1 → 3あまり0　⇐割り切れた！

最大公約数は 1 なので、**「$10x + 13y = 1$」**の整数の答えは「ある」ことがわかります。あるんだったら、どんな答えがあるか解きたい。

そこでベズーさんはユークリッドの互除法を数学的に正しい形にし、さらに変形させることで、答えの 1 つを導いています。

鶴崎チェック！

①を正しい式で表す……13＝10×1＋3 ―― ①′
②を正しい式で表す……10＝3×3＋1 ―― ②′
⇓ ①′と②′を、それぞれあまりに着目して変形する
13－10×1＝3 ―― ①″
10－3×3＝1 ―― ②″
⇓ ①″を②″に代入する
10－(13－10×1)×3＝1
10－13×3＋10×3＝1　⇐分配法則を使った
⇓ 「$10x+13y=1$」の形に合わせる
10×4＋13×(－3)＝1

よって、**「$10x+13y=1$」**の１つの答えは**「$x=4$、$y=-3$」**です。

そして、１つ答えがわかれば、「無限個ある」ほかの答えも芋（いも）づる式にわかります。

どういうことかというと、**「$10x+13y$」は、xを13増やしたとき、yを10減らせば±0なので、値は変わらないままにできます。**天秤の左右の皿に、それぞれ**$10x$**と**$13y$**が乗っていて、釣り合っていると考えてください。xを13増やすと$10x$は130増えます。このときyを10減らせば$13y$が130減り、±０なので、値は変わらないままというわけです。

実際に**「$x=4$」**を13増やし**「$x=17$」**のとき、**「$y=-3$」**から10減らすと**「-13」**。このときに**「$10x+13y=1$」**は成り立つかどうかを計算してみると、**「$10\times17+13\times(-13)=170-169=1$」**となります。

さらに同じ増減をして**「$x=30$、$y=-23$」**のとき、あるいは逆にxを4から13減らし、yを-3から10増やして**「$x=-9$、$y=7$」**のときも計算してみてください。**「$10x+13y=1$」**は成り立ちます。

この「武器」を使えばすべての答えが出てくることも、この本では省略しますが、証明できます。

ベズーさんの話は少々難しかったでしょうか？　じつは、この話は高校数学の範囲なので、それも当然かもしれません。

ただ、私が初めてこの話を知ったときは**「きれいな解法のユークリッドの互除法を変形しちゃって、代入もするんだ！」**と、とても感動したので、お話ししてみました（笑）。

最初のバケツの問題はパズルのような話で、これはこれで数学的におもしろいと思いますが、そこに法則性を見出（みいだ）し、どんな問題でも解いてやろうとする、数学者の執念（しゅうねん）の話にも興味をもってもらえると嬉しいですね。

さて、＜整数の道＞はここまでですが、少なくとも「実数とは違った特殊な問題があるんだな」ということを、おわかりいただけたと思います。

大学受験でも整数の問題はたくさん出されているので、解きたいなら早いうちから整数とその性質に敏感になっておくべきですね。整数の問題を1つのジャンル、この本では＜道＞ということですが、そう認識できていない人ほど後回しにしがちで、丸腰になってしまうからです。

そして、基本的に**整数の問題はけっこう難しいです。でも、数学が好きな人ほど楽しいと思います。**

究極の例を、お話ししましょう。「フェルマーの最終定理」という、カッコいい名前の定理をご存知でしょうか？

> $x^n+y^n=z^n$
>
> **nが3以上の正の整数（自然数）の場合、**
> **この式を満たす自然数x、y、zは存在しない。**

式の形だけを見ると、すでにたびたび触れている「ピタゴラスの定理に似てるな」と思うかもしれません。気になる人は、ぜひ調べてみてください。

103ページでもお話しした、難易度の高い「存在しないことの証明」ですが、フェルマーの死後300年以上経った1995年に決着がついて、当時ニュースでも取り上げられました。これも整数の問題なんです。

- 1歩目　日常・ビジネス・数学いろんな「論理」がある（小学生～高校生）
- 2歩目　「証明」することは正しいと説明すること（中学生）
- 3歩目　「反例」に敏感だと証明の正しさに役立つ（中学生）
- 4歩目　間違った証明を見抜けるようになろう（中学生）
- 5歩目　もれのない「条件分岐」ですべての場合を証明する（高校生）
- 6歩目　使いこなせば強い「逆・裏・対偶」（高校生）
- 7歩目　“異世界”を否定して証明　「背理法」のすごさ（高校生）

1歩目 日常・ビジネス・数学 いろんな「論理」がある

小学生〜高校生

「数学的な論理」ってなんだろう?

「算数・数学の問題として考えること、定式化できることが大事」と、何度もお話ししてきましたが、**「問題を解くこと」までを踏まえると、「論理」が必要**です。応用問題、証明問題、現実にある「正解がないかもしれない問題」などのように、複数の基礎、「武器」を使う場合は、とくにそうですね。

では、そもそも論理って何かというと、**自分の考えを発表したりするときに、結論を導く過程**です。

そして、**数学的な論理では、その過程で「絶対的に正しい話をする」**必要があります。

当たり前ですが、**日常会話と数学的な論理は違います**。日常会話では、「あのお店のケーキはだいたい14時には売り切れるから、12時くらいには出発しよう」とか、「僕はあの絵が美しいと思います」というコミュニケーションが成立します。

ただ、このような「傾向」とか「感想」は、必ずしもそうとは限らないですよね? 12時に売り切れるかもしれないし、絵が美しいと思わない人もいるでしょう。絶対的ではないんです。

この話すらも私の感想と言えなくもないし(笑)、ようはそのくらい曖昧(あいまい)です。

もう一方で、ビジネスの現場では「ロジカルシンキング」、日本語にするとまさに「論理的思考」ですが、一部でこれが話題になっています。どうい

うものか。私の解釈では「説得力がある話をする」ことかと思います。

そこでよく使われるのが**「演繹法」**と**「帰納法」**です。いうなれば、論理の形式であり、「武器」の一種ですね。

演繹法とは、たとえばみなさんが「和食に強い」外食チェーン店で働いているとして、次にどんなビジネスを始めようかというときに、「いいお米を仕入れているからおにぎりを売ろう!」というような話です。つまり、「和食に強い」会社のいちばんの強みを、「おにぎり」という和食の１つに当てはめる考え方です。

帰納法とは、その反対。「一口サイズのシュークリームが売れている」「小さい大福が売れている」、だったら「ミニケーキもいける!」、そんな個別の話を集めて、「小さい、少ないのがブーム」といった大きいテーマを導き、新企画を立てる考え方です。

実際のビジネスの現場では、もっと綿密な調査をして説得力のある話にするでしょうが、論理の組み立て、形式はこんな感じですね。

そして、**数学的な論理では、基本的に帰納法は使えません。つまり、数学の論理と、ビジネスの論理もまた違うんです。**

なぜ使えないかというと、帰納法は 213 ページで扱った「コラッツ予想」のようなもので、たくさんの小さい成功例を集めて、より大きいことを言おうとしてもダメなんですね。

ビジネスの現場ではある程度説得力がある形式でも、数学では認められません。**ビジネスにおいて帰納法を使う場合には、「厳密ではないよ。説得力はあっても」と、認識しておくといい**と思います。

「数学的な論理」と「ロジカルシンキング」と「日常会話」の関係は、「絶対的な正しさ」の点で見ると、このような関係になります。

場面 論理	日常生活	ビジネス	数学の問題
数学的な論理	○	○	○
ロジカルシンキング	○	○	△
日常会話	○	△	△

この本では、**答えをだいたいで求めている場面が多いと思いますが、それは上の図の矢印のように、数学の問題をなるべく日常生活に置き換えていたから**なんですね。それを**現実の問題を定式化して解くことで、学びにしてきました。**

あとは、「答え自体はどうでもいい」とまでは言いませんが（笑）、考え方、解き方の「武器」のほうを知ってほしかったからです。

数学的な論理について考えてみると、なんか細かそうだし、あまり友達にしたくないタイプと思うかもしれません（笑）。ただ、**数学的に正しいことを保証しながら、強い論理の形式で話を組み立てるので、横道に逸れたり、急にべつの話になったりはしません。**ほしい結論に向けて一直線です。

算数・数学を学ぶことでそういう「問題解決能力」を養（やしな）っているので、数学的な論理は、使おうと思えば、日常生活でも、ビジネスでも、社会問題でも使えるんですね。

2歩目

「証明」することは正しいと説明すること

中学生

「数学的な事実」を積み重ねる

「論理」の次は「証明」についてですが、話はそんなに大きくは変わりません。129ページで同じ話をしていますが、**証明とは「他人に正しいと説明すること。しかも誰からも文句（もんく）が出ないように」。これがいわば証明の"気持ち"**です。

したがって、いわゆる**証明問題は、数学的な論理の練習みたいなもの**ですね。あることを絶対に正しいと説明するには、正しい話だけを積み重ねる必要があるからです。

では、**正しい話とは何かというと、これまでの<道>で獲得してきた「武器」、たとえばピタゴラスの定理、あるいは「三角形の内角の和は180°」のような「数学的な事実」**のことです。これらは「正しい」と証明されているからです。

計算問題で何かの値を求める場合にも、数学的な正しさの積み重ねは必要なので、もちろん頭の中でやっているはずなのに、証明問題となるととたんに苦手になる人が多いので、まずはそれに慣（な）れましょう。

問題

$\sqrt{2}$が整数ではないことを証明してください。

こういう問題が目の前に出されると、いきなり宇宙空間に放り出されたような、助けを求めたい気持ちになるわけです（笑）。この問題はあえてやさしく「証明してください」と書きましたが、だいたいの問題は「示せ」とか、慣れないと威圧的に感じるかもしれません。

さて、みなさんは$\sqrt{2}$が 1.414……という無理数だと、すでに知っています。だから、「どう考えても整数じゃないだろう！」と言いたいはずですが、$\sqrt{2}$は$\sqrt{2}$という数であって、誰もそれが 1.414……と同じだと、保証はしていないんです。

では、これを証明、すなわち人に正しいと説明するにはどうすればいいかを考えます。

$\sqrt{2}$はどんな数なのか？ ➡ 2乗すると2になる数

＜数の道＞で、こう学びました。ようするに、この定義から「$\sqrt{2}$は整数 1 と 2 の間にある」と言えれば、証明できるとわかります。

証明 **$\sqrt{2}$は2乗すると2になる正の数である。**
自然数1の2乗は1、自然数2の2乗は4であることから
以下の関係が成り立つ。

$1 < 2 < 4$

すなわち

$1^2 < (\sqrt{2})^2 < 2^2$

よって

$1 < \sqrt{2} < 2$ と言える。

$\sqrt{2}$は隣り合う整数1と2の間にあるので、
整数ではない。

この証明を掘り下げてみると、$\sqrt{2}$の定義のほかにもいくつかの数学的に

正しい事実を使っています。

まず、そもそも「$\sqrt{2}$ は整数１と２の間にある」という結論は、**「1と2の間には整数がない」という、整数の性質**を使っています。

次に、**「$1^2 < (\sqrt{2})^2 < 2^2$ だったら、$1 < \sqrt{2} < 2$」**と言えるのは、こういう事実からです。

正の数 a、b があるとき ➡	$a < b$ だったら、$a^2 < b^2$
反対に ➡	$a^2 < b^2$ だったら、$a < b$

このように**数学的な論理・証明では、ほしい結論、すなわち自分が主張したい“気持ち”があり、そのために数学的に正しい事実を積み重ねます。**

166 ページでピタゴラスの定理を証明した際もそうでしたが、結論に到達（とうたつ）する過程では、どんな話をしてもいいんですね。ツッコミどころのない話であれば。なので、証明にはいろんな方法や考え方があって当たり前なんです。

そして、証明問題に限りませんが、何かの問題を解くときに、**自分が使える話、つまり数学的な事実をたくさんもっているほうが強い**と言えます。**その事実、１つ１つが「武器」であり、基礎**なんです。

ちなみに、さっきの**「$a < b$ だったら、$a^2 < b^2$」**という話は、「負の数 a、b」だったら同じことは言えませんよ。

たとえば、**「$a = -4$、$b = -2$」**は $a < b$ の関係ですが、それぞれ２乗すると 16 と４になり、a^2 のほうが大きくなるため、$a^2 < b^2$ とは言えなくなるからです。

「反例」に敏感だと証明の正しさに役立つ

中学生

正しいなら証明、間違っているなら「反例」

この本ではすでにたびたび出てきましたが、「反例」の話です。**反例とは、ある主張があるとき、それが成り立たない例**のこと。そして**数学的な論理・証明では、反例がある主張は正しくない**んでしたね。

では、**なぜ反例について学ぶのかというと、「間違った証明をしなくなる」「証明の検証に使える」から**です。次の問題を考えてみましょう。

問題

実数aとbがあります。aは整数です。bは整数ではありません。
次のうち、正しい主張と間違っている主張は？

①$a+b$は整数ではない　②$a-b$は整数ではない
③$a\times b$は整数ではない　④$a\div b$は整数ではない

とりあえず、条件に合う数で手を動かしてみましょう。

$a=1$、$b=\frac{3}{2}$だったら……

① $1+\frac{3}{2}=\frac{5}{2}$　② $1-\frac{3}{2}=-\frac{1}{2}$

③ $1\times\frac{3}{2}=\frac{3}{2}$　④ $1\div\frac{3}{2}=\frac{2}{3}$

どれも整数ではない

$a=2$、$b=\sqrt{2}$だったら……

① $a+b=2+\sqrt{2}$　② $a-b=2-\sqrt{2}$

③ $a\times b=2\sqrt{2}$　④ $a\div b=2\div\sqrt{2}=\frac{2}{\sqrt{2}}=\frac{2\sqrt{2}}{2}=\sqrt{2}$

やっぱりどれも整数ではない

では、①～④はどれも正しい、反例のない主張でしょうか？　答えを言うと、③と④は間違っているので反例があります。たとえばこんな場合です。

鶴崎チェック！

$a=2$、$b=\frac{3}{2}$だったら……$a\times b=2\times\frac{3}{2}=3$　⬅ 整数になる！

$a=2$、$b=\frac{2}{3}$だったら……$a\div b=2\div\frac{2}{3}=3$　⬅ 整数になった

このように、数学の問題にせよ、日常の議論にせよ、反例を１つ挙げられればその主張の間違いを指摘（してき）できます。「間違ってるな」と思ったら、とにかく反例を出せればいいんですね。

正しい主張の場合、日常の議論では相手が納得していればそれでOKですが、数学の問題では「正しさの証明」を求められる場合が多いです。

では「① $a+b$ は整数ではない」の正しさを証明できるでしょうか？

証明　bは整数ではないので

$c<b<c+1$

となる整数cが存在する。

よって、整数aを足すと

$a+c<a+b<a+c+1$となり、

隣り合う整数に不等号で挟まれるので、

$a+b$は整数ではない。

少し補足すると、「2 歩目」の「$\sqrt{2}$が整数ではない」証明に似てますよね。bは整数ではないので、なんらかの整数に挟まれています。

それをcとすると、**整数は±1の数が隣り合っている**ので、たとえば「$c+1$」との間にbはあるわけです。

問題によるとaは整数でした。**整数と整数を足せば整数にしかならない**ので、「$a+c$」と「$a+c+1$」はともに整数です。しかも隣り合っています。その間に「$a+b$」があるんだから整数なわけないよね、という説明になっているんです。

②の証明も同じ考え方でできるので、ぜひ挑戦してみてください。

反例探しのコツ

さっきの問題の反例はけっこうあっさり見つけられたと思いますが、本来はそこそこ難しいです。次の問題を考えてみましょう。

問題

aは有理数です。bは無理数です。$a\times b$は無理数でしょうか。

この主張が正しければ証明し、間違っているなら反例を出さなければなりませんが、どうでしょう。

$a=1$、$b=\sqrt{2}$だったら…… $a\times b=\sqrt{2}$

なので、無理数

$a=\frac{4}{3}$、$b=\pi$ だったら……$a \times b=\frac{4}{3}\pi$
やっぱり、無理数

どう考えても無理数になりそうですが、問題の前振りが「反例探しはそこそこ難しい」だったので、じつは反例はあります（笑）。

答えを聞けば「な〜んだ」でしょうが、**「$a=0$」**の場合、**「$a \times b=0$」**なので有理数です。**有理数には0も含まれる**んでしたね。

そこで、あくまで数学の問題の話ですが、反例探しにはコツがあって、私はこう考えています。

鶴崎チェック！

①0を考える　②極端な場合を考える
③1を考える　④変な例を集めておく

①はイチオシです。**私なら「『有理数』と言われたら0を考える」くらい0を気にしています**（笑）。

②は、たとえば「三角形」と言われたとき、ほとんど直線くらいにつぶれた三角形を考えたり、反対にきれいな形の正三角形を考えたりすることです。

③は①に似ていますが、意外に盲点（もうてん）になっている場合があります。

④は154ページで出てきた凹四角形のようなものですね。こういう変なものに限らず、自分が引っかかった問題は集めておくといいと思います。今回の**「$a=0$」**に引っかかったなら、次回はそうならないように意識しましょう。

4歩目 間違った証明を見抜けるようになろう

中学生

間違いが潜むポイント

「反例」からの流れでもう少し幅広く考えたいのは、「間違いを見抜けるか」ということです。それは証明するときに限らず、問題を解くときの間違いに敏感になることであり、人の主張の間違いにも気づけることです。最近は、わりと重視（じゅうし）される能力だと思います。

問題

実数aは、2倍しても、2乗しても答えは同じ値になります。
実数aはなんでしょうか。

$$2a = a^2$$

定式化すると、右のようになりますね。「2倍した答えと、2乗した答えが同じ」という式です。これの両辺をaで割ると、**「$2 = a$」**。2は、確かに2倍すると4、2乗しても4なので条件に当てはまっています。

そこで誰かが「実数aは2です!」と、主張したとします。あるいは、あなたはそう主張できるでしょうか?

算数・数学に限らず、**主張したり、解答を提示したりするときには、その前に間違いがないかを考える**クセをつけましょう。この場合は、まさに「3歩目」の最後にお話しした「0を考える」と、**「$a = 0$」**も条件を満たします。これは反例ではありませんが、「答えは1つではなく、2つだ」と気づいたわけです。

では、「『$a = 2$』だけ」という解答は**どこで間違ったかというと、「両辺をaで割る」という点**。47ページでお話しした通り、「0だった場合には

割れない」からです。

解答①　$2a=a^2$

i) $a=0$のとき$2a=a^2$は成り立つので、

0は答えの1つである。

ii) $a\neq0$のとき両辺をaで割ると

$2=a$

よって、$a=0$、2

このように a の**場合によって事情が異なってくるところに、反例や間違い、見落としが起こりやすい**ので注意しましょう。たとえば、「a、b、c が実数のとき、$y=ax^2+bx+c$ は放物線か?」という問題だったら、「$a=0$」の場合「$y=bx+c$」の直線になりますね。

なお、この問題にはべつの考え方もあります。

解答②　$2a=a^2$

この二次方程式を解く。

$a^2-2a=0$

因数分解すると

$a(a-2)=0$

よって、$a=0$、2

定式化したときに、「これは二次方程式だ」と考えられれば、a のすべての場合を見落とすことなく、正解を導くことができます。

たくさんの「武器」をもっていると、戦い方が広がるいい例ですね。

5歩目 もれのない「条件分岐」ですべての場合を証明する

高校生

すべての場合の把握が肝心

場合によって条件が異なる際に、「i) ○○のとき」「ii) △△のとき」といったように**「条件分岐（ぶんき）」**を使いました。これを**「場合分け」**とも言いますが、得意な人は効果的にバシバシ使えるので、数学的な論理・証明において差がつきやすい「武器」なんです。

問題

正の整数を2乗して得られる数を「平方数（へいほうすう）」といいますが、平方数を3で割ると、あまりが2にならないことを証明してください。

これは数学の問題なので「平方数を３で割ると、どうやらあまりが２にならない」らしいと言われていますね。それが正しいと、説明する問題です。

平方数を挙げてみる

$1^2=1$、$2^2=4$、$3^2=9$、$4^2=16$、$5^2=25$、$6^2=36$……

それぞれ3で割ってみる

1÷3 → 0あまり1

4÷3 → 1あまり1

9÷3＝3

16÷3 → 5あまり1

25÷3 → 8あまり1

36÷3＝12

ここまでのところ、確かに「あまりは２にならない」ようです。

現実には、たとえば何かの調査をしていて「どうもある結果になるようだ」という推測(すいそく)や、「なったらいいな」という“気持ち”が浮かび上がります。それを主張するには証明が必要だし、それが正しいと確認したり、ほかの人からのツッコミを防いだりするためには、反例に敏感な必要があります。

今回は問題文では「反例はない」と結論が出ているので、あまりが2にならない証明をすればいいだけですが、本来はそういう態度で現実の問題も考えるべきです。

さて、話を元に戻しましょう。

大前提として、「すべての正の整数は3で割ると、あまりは0か1か2になる」ことは、わかりますよね？　あまりが0とは割り切れる場合で、3で割るのであまりが3以上になることはありません。

だったら**「それぞれの場合と条件を分岐して考えよう」という“気持ち”**をもてばいいわけです。

証明　ある正の整数をnとする。

ⅰ）nを3で割ると0あまる（割り切れる）とき
nは3の倍数なので
$n=3m$（mは整数）と表すことができる。
よって両辺を2乗すると
$n^2=9m^2=3\times3m^2$なので
n^2は3の倍数である。

ⅱ）nを3で割ると1あまるとき
$n=3m+1$（mは整数）と表すことができる。
よって両辺を2乗すると
$n^2=(3m+1)^2=\underline{9m^2+6m}+1$
$9m^2+6m$は$3(3m^2+2m)$なので3の倍数。

この場合n^2を3で割ると、つねに1あまる。

ⅲ）nを3で割ると2あまるとき

$n=3m+2$（mは整数）と表すことができる。

よって両辺を2乗すると

$n^2=(3m+2)^2=9m^2+12m+4$

$9m^2+12m+4$は$\underline{9m^2+12m+3}+1$であり、

$9m^2+12m+3$は

$3(3m^2+4m+1)$なので3の倍数。

この場合n^2を3で割ると、つねに1あまる。

ⅰ）〜ⅲ）より、平方数を3で割ったあまりは

つねに0か1なので、あまりが2になることはない。

「正の整数を３で割ると、割り切れるか、あまりは１か２にしかなり得ない」という数学的な事実を知っていることと、<数の道>で触れた「展開」の計算ができることが前提ですが、このように条件分岐させて、ツッコミどころのない証明をすることができます。

条件分岐で注意すべき点は、条件がもれていないことです。

今回の問題でいうと、「正の整数を３で割ると、割り切れるか、あまりは１か２にしかなり得ない」、３パターンで全部と言い切れることです。

仮に、３や４あまる場合があったとして、その条件を見落としていると、すべての場合について証明したことにはならないからですね。

6歩目 使いこなせば強い「逆・裏・対偶」

高校生

「逆・裏・対偶」の論理

次に紹介するのは、強い論理の形式、すなわち証明の「武器」になる、「逆(ぎゃく)・裏(うら)・対偶(たいぐう)」です。

主張 「お酒を飲む人は、20歳以上だ」

たとえばこんな「主張」があったとします。日本国内で、法律違反がないものとすれば、この主張は正しいですよね?

逆 「20歳以上ならば、お酒を飲む」
裏 「お酒を飲まないなら、20歳未満だ」
対偶「20歳未満ならば、お酒を飲まない」

これが、「逆・裏・対偶」です。
「逆」は、主張の前後が入れ替わった文になっています。
「裏」は、文の前後はそのままですが、前後とも否定形(ひていけい)になっています。
「対偶」は「逆」であり、「裏」ですね。前後が入れ替わり、かつ前後とも否定しています。

では、この3つの論理のうち、正しい主張はどれでしょうか?

まず「逆」ですが、これは正しくないですよね。私、鶴崎は2021年現在26歳ですが、お酒を飲みません(笑)。

次に「裏」はどうでしょう。これも私、鶴崎はお酒を飲みませんが、20歳未満じゃないので間違った論理です。

最後に「対偶」。これは正しいですよね。繰り返しますが、法律を破っていなければ（笑）。

このように、**「対偶」は元の主張と一致します。「逆」と「裏」では一致するとは限りません**。よって、元の主張が間違っていれば「対偶」も間違っていますが、「逆」と「裏」を考えると正しい可能性があります。

正しい議論と間違った議論

問題

自然数nの2乗が奇数だったら、nは奇数？ 偶数？

では、「逆・裏・対偶」をもう少し数学的な議論で考えてみましょう。この問題を、みなさんはどう考えるでしょうか？　おそらくほとんどの人は、頭の中で実際に自然数を２乗してみると思います。

$1^2=1$(奇数)　$2^2=4$(偶数)　$3^2=9$(奇数)
$4^2=16$(偶数)　$5^2=25$(奇数)

すると、あなたはこう主張したい“気持ち”のはずです。

主張 「n^2が奇数だったら、nは奇数です！」

ところが、「いやいや、５の２乗までがそう言えても、この先も同じ結果になるとは言えないよね?」と、反論がありました。

これに対して、あなたならどう議論しますか? 少し考えてみてください。

はい、あなたはこう言い返せればいいんです。

「n が偶数だったら n^2 は絶対に偶数なんだから、私の主張は正しいです」

どういうことかというと、主張の「対偶」の正しさを提示して、本来の主張の正しさを説いているわけです。この「対偶」が正しいのはわかりますよね? 偶数には何をかけても偶数になるので、当然2乗、すなわち同じ数をかけても偶数になります。

ところが間違った議論では、このような展開がよく起こります。

「n^2 が偶数だったら n は偶数だから、n^2 が奇数なら n は奇数です!」

これは主張の「裏」が正しいことを根拠にしています。この場合はたまたま「裏」の論理も正しいですが、さっきお話しした通り、主張と「裏」の正誤は、必ずしも一致しないので注意が必要です。

たとえば「n が2だったら、n^2 は偶数」という主張は正しいですが、その「裏」を根拠に「だって n が2以外だったら、n^2 は奇数でしょ?」と説明されても聞き流してはいけません。n が4だったら n^2 は16、偶数なので、正しい議論になっていないので。これが「n^2 が奇数だったら、n は2以外だから」と、「対偶」が根拠になっていれば OK です。

私が日常で敏感に反応するのは、「逆に」という言葉です。なぜかというと、「逆に」は正しく「逆」として使われずに、「裏」や「対偶」の論理で使われる場合が多いからです。

誰かが自分の主張の正しさを訴(うった)えるために、「だって、逆に○○だったら問題ないですよね?」などと言い出したら、みなさんは注意深く「対偶」の論理になっているか確認して、騙(だま)されないように気をつけてくださいね(笑)。

$\sqrt{n}$は、絶対に無理数か整数なのか？

もう何度も出てきているように「$\sqrt{2}=\pm1.414\cdots\cdots$」、「$\sqrt{3}=\pm1.732\cdots\cdots$」という無理数。そして、「$\sqrt{4}=\pm2$」です。

じゃあ、「$\sqrt{n}$って無理数か整数かのどちらかなの?」。そんな素朴な疑問を、対偶を使って証明しましょう。

下の対偶が正しければ、主張も正しいことになります。

主張

nが自然数だったら、
$\sqrt{n}$は無理数か整数だ

対偶

$\sqrt{n}$が整数ではない有理数だったら、
nは自然数ではない

まず、「整数ではない有理数」とは何かというと、分数です。つまり、**「$\sqrt{n}=\dfrac{q}{p}$（ただしpとqは互いに素、$p\neq1$）」**と表せます。

互いに素とは、221ページで学んだ通り、最大公約数が1のことなので、$\dfrac{q}{p}$とはこれ以上約分できない分数です。また、pが1だと整数になってしまうので、そうではありませんよ、という条件もあります。すると、このように証明できます。

$$\sqrt{n}=\frac{q}{p}$$ ⬅両辺を2乗する

$$n=\frac{q^2}{p^2}$$

p^2とq^2は互いに素であり、$p^2\neq1$なので、$\sqrt{n}$が分数だったら、nは自然数ではない。よって、nが自然数だったら、$\sqrt{n}$は無理数か整数である。

このように「対偶」を使えばほんの数行で証明でき、うまく使いこなせれば強力な「武器」になるんですね。

7歩目

"異世界"を否定して証明「背理法」のすごさ

高校生

"異世界"の矛盾を暴け！

最後にお話しする**「背理法」**も「対偶」同様に、学校教育上は高校数学で学ぶ「武器」ですが、学校生活でも、あるいはビジネスの現場でも、正しく使いたい強力なものです。それは、どんなものか。

「主張したいAがあったときに、Aの否定を考えます。そして、Aが否定された世界で議論します。すると矛盾が生じてうまくいかないので、Aが否定された世界はあり得ないことがわかる。したがってAのある世界が正しい」と証明する、論理形式の１つです。

問題

素数は無限個あることを証明してください。

では、具体的に背理法をやってみましょう。整数は無限にあるので、素数だって無限にありそうですよね？　でも、それを説明しなければならないとすれば、どうするか。

背理法では「素数の数は有限、つまり最後の素数がある世界」を考えるんですね。

証明パート①

素数が有限でm個までの場合、
素数Pは小さいほうから
P_1、P_2、P_3、P_4、P_5、……P_mと表すこととする。
これらすべての素数をかけた数
$P_1 \times P_2 \times P_3 \times P_4 \times P_5 \times \cdots\cdots P_m$は、

各素数の倍数である。

ここまでわかるでしょうか？　素数とは1とそれ自身以外で割れない2以上の自然数でしたが、たとえば2、3、5、7、11のような数でした。

仮に素数が7までしかないとして、それを全部かけたら、当たり前ですが各素数の倍数になりますよね？　全部かけると210になりますが2、3、5、7のどれでも割り切ることができます。

証明パート②

では、$P_1 \times P_2 \times P_3 \times P_4 \times P_5 \times \cdots\cdots\cdots P_m + 1$
という数があったとしたら、
この数はどんな素数で割ってもあまりは1となり、
割り切ることができない。

したがって、$P_1 \times P_2 \times P_3 \times P_4 \times P_5 \times \cdots\cdots\cdots P_m + 1$は
素数である。
よって、素数が有限でm個までという仮定に
矛盾があるので、素数は無限個ある。

ここでは210＋1、すなわち211という整数を持ち込むわけです。この数は2、3、5、7のどれで割っても必ず1あまるので、もし素数が7までしかなかったら、211は素数になりますね。

ということは、「素数が有限の世界で、仮に7までしかないことを考えてみたものの、そんなことはありませんでした。この世界では211という素数もありました。だから本当は、素数は無限です」という論理で、それを一般化した「素数がP_mまでの世界」の矛盾を説いて証明しているわけです。

なお、ここで注意してもらいたいのは、「素数が有限の世界」でつくった新しい素数は、「素数が無限にある現実世界」でも素数であるとは限らないこと。同様に、証明で用いた手段であれば現実世界で素数がつくれるわけでもありません。

素数が 7 までの世界でつくった新しい素数 211 は、現実世界でも確かに素数です。ところが 13 までの素数、2、3、5、7、11、13 をかけてさっきのように 1 を足すと 30031 になります。これは 13 までしか素数がないのであれば新たな素数ですが、そうでない現実世界では**「30031 = 59 × 509」**と素因数分解できるので、素数ではないんですね。したがって、**素数をかけて 1 を足したからといって、現実世界の素数がつくれるわけではない**んです。この勘違い（かん）いは、よく見かけます。

私が**背理法で感動するポイントは、実際には素数を 1 つもつくっていないのに、「無限にある」と言えること**です。

これまでの論理だと、「無限に素数をつくれるアルゴリズムを発明する話」になりそうなところ、**背理法では“異世界（いせかい）”をつくり、その世界を否定するだけで、無限を証明する**んです。このことからも、背理法は強力な論理の形式だとわかると思います。

また、「6 歩目」で「『逆に』に気をつけよう」という話をしましたが、「逆に」が「もしも」の意味で使われていて、そのあとが背理法になっていれば、その議論は前進する可能性が出てきます（笑）。

いかがだったでしょうか。

論理・証明には、これまでの<道>で獲得してきた「数学的に正しい事実」が必要ですが、**論理・証明それ自体にも「武器」ともいえる形式がありました**。なめらかに結論に導く、作法のようなものですね。

これらを自分のものにしていけば、主張を論理的に説明する力、論理的な問題解決能力が身につきます。

クイズ王・鶴崎からの挑戦状！
三角形のパズル　解答編

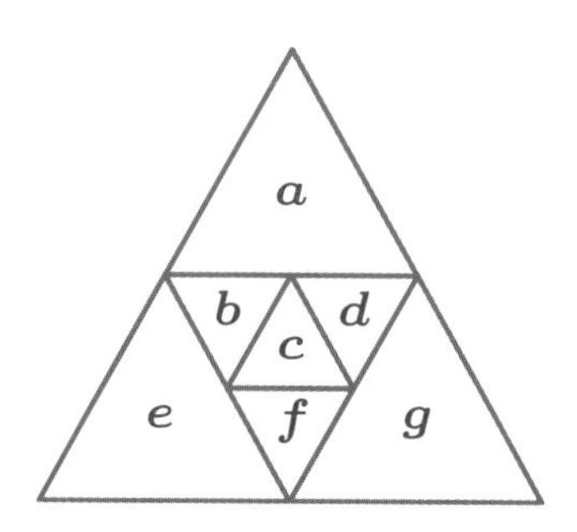

まず、このように７つの三角形のマスに名前をつけます。

そして、問題を定式化すると、このようになります。

$$a+b+e=a+d+g=e+f+g=b+c+d+f=S$$

かつ、それぞれが S と等しいと考え、すべてを足すと、こうなります。

$$2a+2b+c+2d+2e+2f+2g=4S$$

一方、a ～ g のマスには、２～８までの整数がかぶりなく入るという問題でした。よって a ～ g を足すと「$2+3+4+5+6+7+8=35$」です。

そこで、さっきの「$2a+2b+c+2d+2e+2f+2g$」の、「c」が「$2c$」だったらいいなぁという“気持ち”です。そうであれば、a ～ g の

2倍を足した数が、35の2倍、70と等しいという式が成り立ちます。

$$2a+2b+2c+2d+2e+2f+2g=70$$

これが何を意味しているか。70から本来はない1つの「$\boldsymbol{c}$」を引いて $4\boldsymbol{S}$、すなわち4の倍数にする必要があるということです。すると、$\boldsymbol{c}$ のマスに入る数は、**「2」**か**「6」**だとわかります。

あとは、コツコツ当てはめてみることをおすすめしますが、「8が外側のマス $\boldsymbol{a}$、$\boldsymbol{e}$、$\boldsymbol{g}$ に入るか」「内側の $\boldsymbol{b}$、$\boldsymbol{d}$、$\boldsymbol{f}$ に入るか」を考えるとわかりやすいと思います。

正解は以下の6パターンですが、よく見ると数字の位置が回転や反転しているだけです。よって、正解は実質1通りしかありません。

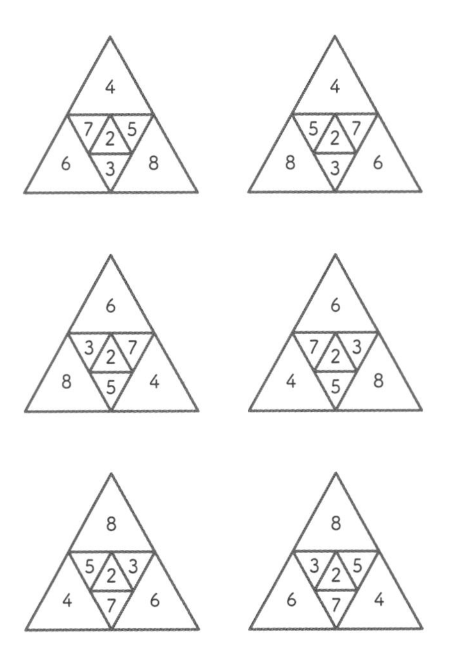

クイズ王・鶴崎からの挑戦状！
10段の階段

解答編

まず、階段を１段のぼる方法は、もちろんのぼり方Ａの１段ずつのぼる１通りです。

２段のぼる方法は、Ａの１段ずつのぼる方法か、Ｂの１段とばしてのぼる（２段のぼる）方法の２通りです。

では、３段のぼる方法を改めて考えてみましょう。

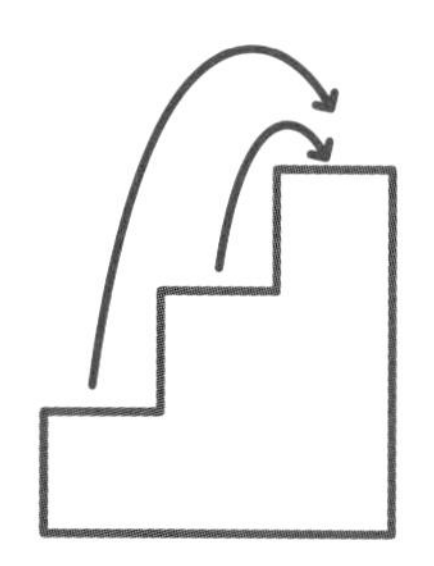

３段のぼるには、１段目から２段のぼるか、２段目から１段のぼるかしかありません。

つまり、３段のぼる方法は次の通りです。

1段のぼる方法から2段のぼる ➡ 1通り(A→B)
2段のぼる方法から1段のぼる ➡ 2通り(A→A→A / B→A)

これらを足すと３通りです。

同じように考えて、じゃあ「4段のぼるには？」

2段のぼる方法から2段のぼる
➡ 2通り(A→A→B / B→B)
3段のぼる方法から1段のぼる
➡ 3通り(A→A→A→A / A→B→A / B→A→A)

足すと5通りです。「5段のぼるには？」

3段のぼる方法から2段のぼる
➡ 3通り（A→B→B / A→A→A→B / B→A→B）
4段のぼる方法から1段のぼる
➡ 5通り（A→A→B→A / B→B→A /
A→A→A→A→A / A→B→A→A / B→A→A→A）

足すと8通りです。

ここまでの経過を表で見ると次のようになります。

段数	1	2	3	4	5
方法	1	2	3	5	8

じつは、2つ前と1つ前の方法を足すと、調べたい次の段数の方法の数がわかります。これを「フィボナッチ数列」といいますが、興味のある人はぜひ調べてみてください。とても美しい数の規則性を知ることができます。

表の続きを書くとこうなります。

段数	6	7	8	9	10
方法	13	21	34	55	89

よって、10段のぼる方法は、89通りです。

おわりに

カジュアルな算数・数学の話に最後までお付き合いいただき、ありがとうございました！

書名にある「カジュアル」には、気軽に算数・数学に接（せっ）してほしい、取り組んでほしい、そんな“気持ち”を込めました。苦手意識のある方はとくにそうだと思いますが、私ですら「算数・数学はきっちりしていて堅苦しい！」みたいなイメージがあります（笑）。

だから極端なことを言ってしまえば、この本を一度読んで、今は全部に正解できなくていいし、わからないことがあってもいいと思うんです。きっちり、完璧（かんぺき）、なんてキツイですから。

ただ、私の話を聞き流すかのように目を通すだけでも、読み終えたときには、学校教育上では**中学までに教わる内容をざっくりとつかめる本になった**と思います。そして、**意欲さえあれば、その先の高校数学の展開にも少し触れられる**内容になりました。

そもそも何かとわかりやすいことが重宝（ちょうほう）されるのは間違いないんですが、**「わからない」ことがきっかけになって、そこをわかろうとすることが成長につながる面もある**と思うんですよね。だから、この本のちょっと難しい話に対して自分でわかろうとする意識が芽生えたとしたら、まさに私の思惑通りです（笑）。

そして、この本は算数・数学を楽しんで好きになっていただくことが目標でした。「カジュアル」な学びを通じてそれを実現したかったわけですが、いかがだったでしょうか。

実際に書いてみると、「自分には楽しい話だけれど、みなさんにとってはどうだろうか」と悩むこともしばしばで、難しい作業でした。

「正解できなくてもいい」「わからないことがあってもいい」とお話ししましたが、**「いくつかのフレーズが心に残ってくれればいい」**とは思っています。それらはおもに、表面的な知識を得るのではなく、楽しさにつながる学びの本質、学び方についてお話ししたものです。

だから「鶴崎があんなこと言ってたな」ということをいつか思い出していただければ、それが理解を深める助けになります。そうやって**算数・数学を楽しみ、実力を身につけた人のなかには、大袈裟ではなく、それで人生を変えられるほどの影響力があることに気づく人もいるでしょう。**

最後に、私がいま数学を楽しんでいるのは、私だけの力によるものではありません。私に算数・数学を教えてくれた両親および家族、小学校から大学までお世話になった先生、一緒に数学を楽しんでくれた友人たちにこの場でお礼を申し上げます。ありがとうございます。今後も一緒に楽しめることを願っています。

また、この本の数学的内容について、東京大学大学院数理科学研究科の同期で友人のZiphil Aleshlasさんに見ていただきました。これについてもZiphilさんに感謝しています。ただし、仮にこの本の数学についてあやしいところがあっても、Ziphilさんに責任は全くないことを申し上げておきます。

2021年9月　鶴崎修功

知れば知るほど
自由に遊べるのが
算数・数学だ！

いろいろな武器を
使いこなして、
算数・数学の
世界を
生涯楽しもう！

鶴崎修功（つるさき・ひさのり）

1995年生まれ。鳥取県出身。2018年東京大学理学部数学科卒業。2021年現在東京大学大学院数理科学研究科博士課程に在籍中。高校時代には同級生とともに出場した数学コンテストで県内1位を獲得した。
東京大学クイズ研究会に所属するクイズプレイヤーでもあり、2016年放送のTBS「東大王」に出演。クイズ番組初出場で初優勝をはたし、初代東大王に輝いた。2021年現在も同番組レギュラー出演中。
ニコニコ動画「鶴崎修功の鶴チャン」、YouTubeチャンネル「QuizKnock」など、WEBメディアにも出演している。

カジュアルな算数・数学の話

2021年11月27日　初版発行
2022年 1月21日　2版発行

著　　　者　鶴崎修功

イ ラ ス ト　うのき
装　　　幀　y.desing
本文デザイン　孝学直
DTP補　佐　Sodnomjamts.S
編　　　集　清水寿朗

企画協力　株式会社ワタナベエンターテインメント
制作協力　株式会社オフコース

販 売 部　五十嵐健司
編 集 人　鈴木収春
発 行 人　石山健三

発 行 所　クラーケンラボ
〒101-0064　東京都千代田区神田猿楽町2-1-14　A＆Xビル4F
TEL：03-5259-5376　URL：http://krakenbooks.net
E-MAIL：info@krakenbooks.net

印刷・製本　株式会社シナノパブリッシングプレス

ISBN 978-4-910315-06-5